普通高等教育"十二五"规划教材
电子信息科学与工程类专业规划教材

EDA 技术及实验教程

范秋华　主编

电子工业出版社
Publishing House of Electronics Industry
北京·BEIJING

内容简介

本书实验内容由浅入深，分为基本实验、综合创新实验、应用实例；每个实验任务又分基本实验内容和扩展实验内容，便于学生自主开放式及分层次的综合创新学习。第 1~2 章介绍硬件知识，第 3 章介绍 VHDL 语言，第 4 章介绍基本实验及软件环境的使用，同时也巩固了数字电路的基本知识。第 5 章为综合实验，与传统实验不同的是，给出具体的思路及参考程序和所需硬件知识，便于没有学习过 EDA 课程的学生一本在手，快速入门。第 6 章给出 4 个应用实例。

本书可以作为高等学校电气信息类专业的实验指导书使用，也可供没有学习过 EDA 课程的学生作为开放实验的教材，以及大学生电子设计竞赛的入门培训教材使用。

未经许可，不得以任何方式复制或抄袭本书之部分或全部内容。
版权所有，侵权必究。

图书在版编目（CIP）数据

EDA 技术及实验教程 / 范秋华主编．—北京：电子工业出版社，2015.1
电子信息科学与工程类专业规划教材
ISBN 978-7-121-24695-1

Ⅰ．①E… Ⅱ．①范… Ⅲ．①电子电路—电路设计—计算机辅助设计—高等学校—教材 Ⅳ．①TN702

中国版本图书馆 CIP 数据核字（2014）第 256628 号

策划编辑：冉　哲
责任编辑：郝黎明
印　　刷：三河市鑫金马印装有限公司
装　　订：三河市鑫金马印装有限公司
出版发行：电子工业出版社
　　　　　北京市海淀区万寿路 173 信箱　邮编　100036
开　　本：787×1 092　1/16　印张：12.75　字数：307.2 千字
版　　次：2015 年 1 月第 1 版
印　　次：2015 年 1 月第 1 次印刷
印　　数：3 000 册　定价：30.00 元

凡所购买电子工业出版社图书有缺损问题的，请向购买书店调换。若书店售缺，请与本社发行部联系，联系及邮购电话：(010) 88254888。
质量投诉请发邮件至 zlts@phei.com.cn，盗版侵权举报请发邮件至 dbqq@phei.com.cn。
服务热线：(010) 88258888。

前　言

随着电子技术、EDA 技术的快速发展，功能强大、开发周期短、便于修改及开发工具智能化的可编程逻辑器件已被广泛应用在各个领域，有关可编程逻辑器件的开发与应用成为电气、电子信息类各专业的必修课，同时也是电子设计工程师的基本要求。

本书坚持"厚基础、重设计、培养创新应用能力"的宗旨，全面介绍 EDA 设计的三大重要法宝：硬件（可编程逻辑器件的简单原理及发展历程）、软件环境（Quartus II 9.0）、语言基础（VHDL 硬件描述语言）。实验内容由浅入深，分为基本实验、综合创新实验、应用实例；每个实验任务又分基本实验内容和扩展实验内容，便于学生自主开放式及分层次的综合创新学习。第 1~2 章介绍硬件知识，第 3 章介绍 VHDL 语言，第 4 章介绍基本实验及软件环境的使用，同时也巩固了数字电路的基本知识。第 5 章为综合实验，与传统实验不同的是，给出具体的思路及参考程序和所需硬件知识，便于没有学习过 EDA 课程的学生一本在手，快速入门。第 6 章给出 4 个应用实例。

本书可以作为高等学校电气信息类专业的实验指导书使用，也可供没有学习过 EDA 课程的学生作为开放实验的教材，以及大学生电子设计竞赛的入门培训教材使用。

本书由青岛大学的徐淑华教授负责审稿，全书由范秋华负责统稿。其中，第 2、4 章由范秋华编写，第 1 章由青岛理工大学的赵艳秋编写，第 3 章由青岛工学院的金余义编写，第 5 章由范秋华、赵艳秋、于瑞涛共同编写，第 6 章由范秋华、金余义、刘钊（青岛滨海学院）、吴新燕共同编写。

在本书编写过程中参考了大量资料，部分资料来源于互联网，无法一一列出，在此向所有作者深表感谢。

本书所列实验项目的实现并不局限于某一种开发板，开发板上只要有相应的接口都可以实现，VHDL 程序是共享的，因此本书没有列出全部引脚分配及下载过程。

由于作者水平有限，书中难免存在错漏与不足之处，殷切期望读者批评指正。

编　者
于青岛大学

目　　录

第 1 章　概述 ·· 1
  1.1　EDA 技术及其发展 ·· 1
  1.2　EDA 设计方法 ·· 3
  1.3　可编程逻辑器件 ·· 5
  1.4　硬件描述语言 ··· 6
  1.5　可编程逻辑器件的未来 ··· 7

第 2 章　可编程逻辑器件 ··· 8
  2.1　概述 ·· 8
    2.1.1　PLD 的发展 ·· 8
    2.1.2　PLD 的分类 ·· 9
  2.2　简单 PLD 原理 ··· 10
  2.3　复杂 PLD 原理 ··· 12
    2.3.1　CPLD 结构与原理 ······································ 12
    2.3.2　FPGA 结构与原理 ······································ 14
  2.4　选择 CPLD 还是选择 FPGA ······························ 17
  2.5　生产 PLD 的四大厂商 ······································ 18

第 3 章　VHDL 设计基础 ·· 19
  3.1　VHDL 的基本组成 ··· 19
    3.1.1　VHDL 实体 ·· 20
    3.1.2　VHDL 结构体 ·· 21
    3.1.3　VHDL 库 ··· 22

    3.1.4　VHDL 程序包 ·· 22
    3.1.5　VHDL 配置 ·· 24
  3.2　VHDL 的基本要素 ··· 24
    3.2.1　VHDL 的标识符 ··· 24
    3.2.2　VHDL 的数据类型 ····································· 25
    3.2.3　VHDL 的数据对象 ····································· 29
    3.2.4　VHDL 的运算操作符 ································· 30
  3.3　VHDL 的基本语句 ··· 33
    3.3.1　顺序语句 ·· 33
    3.3.2　并行语句 ·· 38
    3.3.3　常用属性描述语句 ······································ 43
  3.4　VHDL 的子程序 ·· 44
    3.4.1　过程 ··· 45
    3.4.2　函数 ··· 46
  习题 ··· 47

第 4 章　基础实验 ··· 48
  4.1　初识 VHDL ·· 48
    一、实验目的 ·· 48
    二、实验任务 ·· 48
    三、基本实验条件 ·· 48
    四、实验原理 ·· 48
    五、思考题 ··· 50

六、初识 VHDL 实验报告 ……………………… 51
4.2 Quartus II 9.0 环境的使用 ……………………… 55
  一、实验目的 …………………………………… 55
  二、实验任务 …………………………………… 55
  三、基本实验条件 ……………………………… 55
  四、实验原理 …………………………………… 55
  五、实验指导 …………………………………… 65
  六、思考题 ……………………………………… 66
  七、Quartus II 9.0 环境的使用实验报告 ……… 67
4.3 原理图的设计及层次化设计方法 1 …………… 71
  一、实验目的 …………………………………… 71
  二、实验任务 …………………………………… 71
  三、基本实验条件 ……………………………… 71
  四、实验原理 …………………………………… 71
  五、实验指导 …………………………………… 74
  六、原理图的设计及层次化设计方法 1 实验报告 … 75
4.4 时序电路的设计及层次化设计方法 2 ………… 79
  一、实验目的 …………………………………… 79
  二、实验任务 …………………………………… 79
  三、基本实验条件 ……………………………… 79
  四、实验原理 …………………………………… 79
  五、实验指导 …………………………………… 81
  六、时序电路的设计及层次化设计方法 2 实验报告 … 83
4.5 宏功能模块的使用 …………………………… 87
  一、实验目的 …………………………………… 87
  二、实验任务 …………………………………… 87

  三、基本实验条件 ……………………………… 87
  四、实验原理 …………………………………… 87
  五、实验指导 …………………………………… 89
  六、思考题 ……………………………………… 90
  七、宏功能模块的使用实验报告 ……………… 91
4.6 状态机的设计 ………………………………… 95
  一、实验目的 …………………………………… 95
  二、实验任务 …………………………………… 95
  三、基本实验条件 ……………………………… 95
  四、实验原理 …………………………………… 95
  五、实验指导 …………………………………… 101
  六、思考题 ……………………………………… 102
  七、状态机的设计实验报告 …………………… 103
第 5 章 综合实验
5.1 基于 FPGA 的电子琴设计 …………………… 107
  一、实验目的 …………………………………… 107
  二、实验任务 …………………………………… 107
  三、基本实验条件 ……………………………… 107
  四、实验指导 …………………………………… 107
  五、特色创新 …………………………………… 116
  六、实验注意事项 ……………………………… 116
5.2 基于 FPGA 的 MP3 播放电路设计 …………… 116
  一、实验目的 …………………………………… 116
  二、实验任务 …………………………………… 116
  三、基本实验条件 ……………………………… 117
  四、实验指导 …………………………………… 117

	五、特色创新 ………………………………… 121

5.3 基于 FPGA 的 VGA 显示 ……………… 122
一、实验目的 ………………………………… 122
二、实验任务 ………………………………… 122
三、基本实验条件 …………………………… 122
四、实验指导 ………………………………… 122
五、实验内容 ………………………………… 130

5.4 基于 FPGA 的音乐彩灯控制 …………… 130
一、实验目的 ………………………………… 130
二、实验任务 ………………………………… 130
三、基本实验条件 …………………………… 130
四、实验指导 ………………………………… 130
五、实验思考 ………………………………… 138

5.5 基于 FPGA 的 4×4 矩阵键盘的识别显示 … 138
一、实验目的 ………………………………… 138
二、实验任务 ………………………………… 138
三、基本实验条件 …………………………… 138
四、实验指导 ………………………………… 138
五、特色创新 ………………………………… 142
六、实验注意事项 …………………………… 142

5.6 基于 FPGA 的 LED 扫描显示 …………… 142
一、实验目的 ………………………………… 142
二、实验任务 ………………………………… 142
三、基本实验条件 …………………………… 143
四、实验指导 ………………………………… 143
五、实验内容 ………………………………… 147

第 6 章 应用实例 ……………………………… 148

6.1 基于 FPGA 的输入输出接口 …………… 148
6.1.1 实验原理、技术及方法 ……………… 148
6.1.2 实验思考及扩展 ……………………… 158

6.2 简易数字信号传输性能分析仪 ………… 158
6.2.1 设计目标与要求 ……………………… 158
6.2.2 总体设计 ……………………………… 159
6.2.3 各分支电路设计 ……………………… 160
6.2.4 EDA 设计分析及程序设计 …………… 160
6.2.5 设计总结 ……………………………… 163

6.3 数字电子钟 ………………………………… 163
6.3.1 设计思路 ……………………………… 163
6.3.2 各模块程序 …………………………… 164
6.3.3 数字电子钟实现 ……………………… 167

6.4 可编程方波发生器（PWG）的设计 …… 169
6.4.1 设计要求 ……………………………… 169
6.4.2 设计思路 ……………………………… 170
6.4.3 各模块程序 …………………………… 171
6.4.4 整体实现 ……………………………… 175
6.4.5 设计思考及改进 ……………………… 177

附录 A PS2 键盘接口知识 ………………… 178

附录 B GB2312 简体中文编码表 ………… 181

附录 C 液晶 12864 基本指令和扩充指令 … 195

参考文献 ……………………………………… 196

第 1 章 概 述

人们现在生活在高度发达的信息化社会,信息社会的发展离不开电子产品的进步。而生产制造技术和电子设计技术的发展使得现代电子产品在性能提高、复杂度增大的同时,价格却一直呈下降趋势,同时产品更新换代的步伐也越来越快。生产制造技术以微细加工技术为代表,狭义地讲,微细加工技术就是指半导体集成电路的微细制造技术,目前已进展到深亚微米阶段,可以在几平方厘米的芯片上集成数千万个晶体管;电子设计技术的核心就是 EDA 技术。

1.1 EDA 技术及其发展

EDA 是电子设计自动化(Electronic Design Automation)的缩写。20 世纪 70 年代为 CAD 阶段,这一阶段人们开始用计算机辅助进行 IC 版图编辑和 PCB 布局布线,取代了手工操作,产生了计算机辅助设计的概念。20 世纪 80 年代为 CAE 阶段,与 CAD 相比,除了纯粹的图形绘制功能外,又增加了电路功能设计和结构设计,并且通过电气连接网络表将两者结合在一起,以实现工程设计,这就是计算机辅助工程的概念。CAE 的主要功能是:原理图输入,逻辑仿真,电路分析,自动布局布线,PCB 后分析。20 世纪 90 年代为 ESDA 阶段。40 年的发展过程中出现的辅助设计软件有以下几类。

1. 电子电路设计与仿真

(1)SPICE(Simulation Program with Integrated Circuit Emphasis):是由美国加州大学推出的电路分析仿真软件,是 20 世纪 80 年代世界上应用最广的电路设计软件,1998 年被定为美国国家标准。在同类产品中,它是功能最为强大的模拟和数字电路混合仿真 EDA 软件,在国内普遍使用。最新版本可以进行各种各样的电路仿真、激励建立、温度与噪声分析、模拟控制、波形输出、数据输出,并在同一窗口内同时显示模拟与数字的仿真结果。无论对哪种器件哪些电路进行仿真,都可以得到精确的仿真结果,并可以自行建立元器件及元器件库。

(2)Multisim(EWB 的最新版本)软件:是 Interactive Image Technologies Ltd 在 20 世纪末推出的电路仿真软件。它具有更加形象直观的人机交互界面,特别是其仪器仪表库中的各仪器仪表与操作真实实验中的实际仪器仪表完全没有两样,它对模数电路的混合仿真功能却毫不逊色,几乎能够 100%地仿真出真实电路的结果。它在仪器仪表库中不仅提供了万用表、信号发生器、瓦特表、双踪示波器、波特仪(相当实际中的扫频仪)、字信号发生器、逻辑分析仪、逻辑转换仪、失真度分析仪、频谱分析仪、网络分析仪和电压表及电流表等仪器仪表,还提供了我们日常常见的各种建模精确的元器件,如电阻、电容、电感、三极管、二极管、继电器、晶闸管、数码管等。模拟集成电路方面有各种运算放大器、其他常用集成电路。数字电路方面有 74 系列集成电路、4000 系列集成电路,还支持自制元器件。

(3)MATLAB(Matrix Laboratory)产品族:它们的一大特性是有众多的面向具体应用的工具箱和仿真包,包含了完整的函数集用来对图像信号处理、控制系统设计、神经网络等特殊应用进行分析和设计。它具有数据采集、报告生成和 MATLAB 语言编程产生独立 C/C++代码等功能。MATLAB 产品族具有下列功能:数据分析;数值和符号计算、工程与科学绘图；控制系统设计；数字图像信号处理；财务工程；建模、仿真、原型开发；应用开发；图形用户界面设计等。开放式的结构使 MATLAB 产品族很容易针对特定的需求进行扩充，从而在不断深化对问题的认识同时，提高自身的竞争力。被广泛应用于信号与图像处理、控制系统设计、通信系统仿真等诸多领域。

2. PCB 设计软件

PCB（Printed-Circuit Board）设计软件种类很多，目前在我国用得最多当属 Protel，Protel 是 PROTEL（现为 Altium）公司在 20 世纪 80 年代末推出的 CAD 工具，是 PCB 设计者的首选软件。它较早在国内使用，普及率最高，几乎所有的电路公司都要用到它。早期的 Protel 主要作为印刷板自动布线工具使用，其最新版本是一个完整的全方位电路设计系统，包含了电路原理图绘制、模拟电路与数字电路混合信号仿真、多层印刷电路板设计（包含印刷电路板自动布局布线）、可编程逻辑器件的设计、图表生成、电路表格生成、支持宏操作等功能，并具有 Client/Server（客户/服务体系结构），还兼容一些其他设计软件的文件格式，如 ORCAD、PSPICE、Excel 等。使用多层印制线路板的自动布线，可实现高密度 PCB 的 100% 布通率。Protel 软件功能强大（同时具有电路仿真功能和 PLD 开发功能）、界面友好、使用方便，但它最具代表性的是电路设计和 PCB 设计。

3. IC 设计软件

IC 设计工具很多，其中按市场所占份额排行为 Cadence、Mentor Graphics 和 Synopsys。这三家都是 ASIC 设计领域相当有名的软件供应商。主要进行集成电路的设计，可以按用途介绍如下：

（1）设计输入工具。这是任何一种 EDA 软件必须具备的基本功能。像 Cadence 的 composer, viewlogic 的 viewdraw, 硬件描述语言 VHDL、Verilog HDL 是主要设计语言，许多设计输入工具都支持 HDL。

（2）设计仿真工作。使用 EDA 工具的一个最大好处是可以验证设计是否正确，几乎每个公司的 EDA 产品都有仿真工具。现在的趋势是各大 EDA 公司都逐渐用 HDL 仿真器作为电路验证的工具。

（3）综合工具。综合工具可以把 HDL 变成门级网表。这方面 Synopsys 工具占有较大的优势，它的 Design Compile 是作为一个综合的工业标准，它还有另外一个产品称为 Behavior Compiler，可以提供更高级的综合。随着 FPGA 设计的规模越来越大，各 EDA 公司又开发了用于 FPGA 设计的综合软件，比较有名的有 Synopsys 的 FPGA Express、Cadence 的 Synplify、Mentor 的 Leonardo，这三家的 FPGA 综合软件占了市场的绝大部分。

（4）布局和布线。在 IC 设计的布局布线工具中，Cadence 软件是比较强的，它有很多产品，用于标准单元、门阵列已可实现交互布线。最有名的是 Cadence spectra，它原来是用于 PCB 布线的，后来 Cadence 把它用来作 IC 的布线。其主要工具有：Cell3, Silicon Ensemble-标准单元布线器；Gate Ensemble-门阵列布线器；Design Planner-布局工具。其他各 EDA 软件开发公司也提供各自的布局布线工具。

（5）物理验证工具。物理验证工具包括版图设计工具、版图验证工具、版图提取工具等。这方面 Cadence 也是很强的，其 Dracula、Virtuoso、Vampire 等物理工具有很多的使用者。

（6）模拟电路仿真器。前面讲的仿真器主要是针对数字电路的，对于模拟电路的仿真工具，普遍使用 SPICE，这是唯一的选择。只不过是选择不同公司的 SPICE，像 MicroSim 的 PSPICE、Meta Soft 的 HSPICE 等。在众多的 SPICE 中，HSPICE 作为 IC 设计，其模型多，仿真的精度也高。

4．PLD 设计工具

PLD（Programmable Logic Device）是一种由用户根据需要而自行构造逻辑功能的数字集成电路。目前主要有两大类型：CPLD（Complex PLD）和 FPGA（Field Programmable Gate Array）。它们的基本设计方法是借助于 EDA 软件，用原理图、状态机、布尔表达式、硬件描述语言等方法，生成相应的目标文件，最后用编程器或下载电缆，由目标器件实现。生产 PLD 的厂家很多，但最有代表性的 PLD 厂家为 Altera、Xilinx 和 Lattice 公司。

PLD 的开发工具一般由器件生产厂家提供，但随着器件规模的不断增加，软件的复杂性也随之提高，目前由专门的软件公司与器件生产厂家使用，推出功能强大的设计软件。下面介绍主要器件生产厂家和开发工具。

（1）Altera：提出了 SOPC 的概念，20 世纪 90 年代以后发展很快。主要产品有 MAX3000/7000、FELX6K/10K、APEX20K、ACEX1K、Stratix 等。其开发工具 Quartus II 是较成功的 PLD 开发平台。

（2）Xilinx：FPGA 的发明者。产品种类较全，主要有 XC9500/4000、CoolRunner（XPLA3）、Spartan、Vertex 等系列。开发软件为 Foundation 和 ISE。通常来说，在欧洲用 Xilinx 的人多，在日本和亚太地区用 Altera 的人多，在美国则是平分秋色。全球 PLD/FPGA 产品 60%以上是由 Altera 和 Xilinx 提供的。可以讲 Altera 和 Xilinx 共同决定了 PLD 技术的发展方向。

（3）Lattice-Vantis：Lattice 是 ISP（In-System Programmability）技术的发明者。ISP 技术极大地促进了 PLD 产品的发展，与 Altera 和 Xilinx 相比，其开发工具比 Altera 和 Xilinx 略逊一筹。1999 年推出可编程模拟器件，1999 年收购 Vantis（原 AMD 子公司），成为第三大可编程逻辑器件供应商。2001 年 12 月收购 Agere 公司（原 Lucent 微电子部）的 FPGA 部门。主要产品有 ispLSI2000/5000/8000、MACH4/5 等。

（4）ACTEL：反熔丝（一次性烧写）PLD 的领导者。由于反熔丝 PLD 抗辐射、耐高低温、功耗低、速度快，因此在军品和宇航级上有较大优势。Altera 和 Xilinx 则一般不涉足军品和宇航级市场。

以上介绍的这些软件都属于电子设计自动化的范围，可以称为广义 EDA 技术。那么狭义的 EDA，是指以可编程逻辑器件 FPGA、CPLD 为载体，在计算机提供的软件平台环境下，以硬件描述语言为描述工具，进行数字电子系统设计过程的自动化，也称为 ESDA。即设计者以计算机为工具，在 EDA 软件平台上，用硬件描述语言 HDL 完成设计文件，然后由计算机自动地完成逻辑编译、化简、分割、综合、优化、布局、布线和仿真，直至对于特定目标芯片的适配编译、逻辑映射和编程下载等工作。本书中所要介绍的就是狭义的 EDA。

1.2　EDA 设计方法

传统的电子系统设计，选用模拟电路或数字电路来实现既定功能。采用搭积木的方法进行，积木块就是具有固定功能的标准集成电路，如74系列TTL电路、CMOS电路、运算放大器等。由具有固定功能的器件搭成一定功能的单元电路，再由多个单元电路构成某一系统。例如，一个4人抢答器的设计，需要用74LS175为主组成抢答模块，用74LS161组成计数模块，用数码管组成显示模块，用555组成定时模块，最后连调。如果设计成功，需要大批量生产，还要设计PCB文档，制板，设计周期长，不灵活，更麻烦的是若需更改或升级，前面的过程需全部重新来过，最终产品体积大，功耗高浪费了很多时间和物资。而且增加了产品的开发周期和延续了产品的上市时间，从而使产品失去市场竞争优势。但对于刚学完模拟电子技术和数字电子技术而又没有接触过单片机（或FPGA）的学生来说，这种设计方法还是学生了解锻炼的一种必需的方法。

"自顶向下"（Top-Down）的设计方法从系统设计入手，在顶层进行功能方框图的划分和结构设计。在方框图一级进行仿真、纠错，并用硬件描述语言对高层次的系统行为进行描述，在系统一级进行验证。然后用综合优化工具生成具体门电路的网表，其对应的物理实现级可以是印刷电路板或专用集成电路。由于设计的主要仿真和调试过程是在高层次上完成的，这不仅有利于早期发现结构设计上的错误，避免设计工作的浪费，而且也减少了逻辑功能仿真的工作量，提高了设计的一次成功率。

早期电子系统设计属于电路级设计，电子工程师接受系统设计任务后，首先确定设计方案，同时要选择能实现该方案的合适元器件，然后根据具体的元器件设计电路原理图。接着进行第一次仿真，包括数字电路的逻辑模拟、故障分析、模拟电路的交直流分析、瞬态分析。系统在进行仿真时，必须要有元件模型库的支持，计算机上模拟的输入输出波形代替了实际电路调试中的信号源和示波器。这一次仿真主要是检验设计方案在功能方面的正确性。仿真通过后，根据原理图产生的电气连接网络表进行PCB板的自动布局布线。在制作PCB板之前还可以进行后分析，包括热分析、噪声及窜扰分析、电磁兼容分析、可靠性分析等，并且可以将分析后的结果参数返回电路图，进行第二次仿真，也称为后仿真，这一次仿真主要是检验PCB板在实际工作环境中的可行性。由此可见，电路级的EDA技术使电子工程师在实际的电子系统产生之前，就可以全面地了解系统的功能特性和物理特性，从而将开发过程中出现的缺陷消灭在设计阶段，不仅缩短了开发时间，也降低了开发成本。进入20世纪90年代以来，电子信息类产品的开发出现了两个明显的特点：一是产品的复杂程度加深，二是产品的上市时限紧迫。然而电路级设计本质上是基于门级描述的单层次设计，设计的所有工作（包括设计输入、仿真和分析、设计修改等）都是在基本逻辑门这一层次上进行的，显然这种设计方法不能适应新的形势，为此引入了一种高层次的电子设计方法，也称为系统级的设计方法。

高层次设计是一种"概念驱动式"设计，设计人员无须通过门级原理图描述电路，而是针对设计目标进行功能描述，由于摆脱了电路细节的束缚，设计人员可以把精力集中于创造性的概念构思与方案上，一旦这些概念构思以高层次描述的形式输入计算机后，EDA系统就能以规则驱动的方式自动完成整个设计。这样，新的概念得以迅速有效地成为产品，大大缩短了产品的研制周期。不仅如此，高层次设计只是定义系统的行为特性，可以不涉及实现工艺，在厂家综合库的支持下，利用综合优化工具可以将高层次描述转换成针对某种工艺优化的网表，工艺转化变得轻松容易。

高层次设计的具体流程步骤如下（图1-2-1）。

第一步：按照"自顶向下"的设计方法进行系统划分。

第二步：输入VHDL代码，这是高层次设计中最为普遍的输入方式。此外，还可以采用图形输入方式（框图、状态图等），这种输入方式具有直观、容易理解的优点。

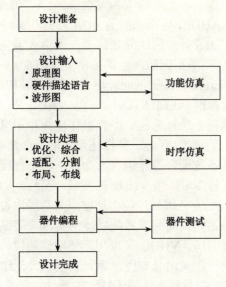

图 1-2-1 PLD 设计流程

第三步：将以上的设计输入编译成标准的 VHDL 文件。对于大型设计，还要进行代码级的功能仿真，主要是检验系统功能设计的正确性，因为对于大型设计，综合、适配要花费数小时，在综合前对源代码仿真，就可以大大减少设计重复的次数和时间，一般情况下，可略去这一仿真步骤。

第四步：利用综合器对 VHDL 源代码进行综合优化处理，生成门级描述的网表文件，这是将高层次描述转化为硬件电路的关键步骤。综合优化是针对 ASIC 芯片供应商的某一产品系列进行的，所以综合的过程要在相应的厂家综合库支持下才能完成。综合后，可利用产生的网表文件进行适配前的功能仿真，仿真过程不涉及具体器件的硬件特性，较为粗略。一般设计，这一仿真步骤也可略去。

第五步：利用适配器将综合后的网表文件针对某一具体的目标器件进行逻辑映射操作，包括底层器件配置、逻辑分割、逻辑优化和布局布线。适配完成后，产生多项设计结果：①适配报告，包括芯片内部资源利用情况，设计的布尔方程描述情况等；②适配后的仿真模型；③器件编程文件。根据适配后的仿真模型，可以进行适配后的时序仿真，因为已经得到器件的实际硬件特性（如时延特性），所以仿真结果能比较精确地预估未来芯片的实际性能。如果仿真结果达不到设计要求，就需要修改 VHDL 源代码或选择不同速度品质的器件，直至满足设计要求。

第六步：将适配器产生的器件编程文件通过编程器或下载电缆载入到目标芯片 FPGA 或 CPLD 中。如果是大批量产品开发，通过更换相应的厂家综合库，可以很容易转由 ASIC 形式实现。

1.3 可编程逻辑器件

现代电子产品的复杂度日益加深，一个电子系统可能由数万个中小规模集成电路构成，这就带来了体积大、功耗大、可靠性差的问题，解决这一问题的有效方法就是采用 ASIC（Application Specific Integrated Circuits）芯片进行设计。ASIC 按照设计方法的不同可分为全定制 ASIC、半定制 ASIC、可编程 ASIC（也称为可编程逻辑器件）。设计全定制 ASIC 芯片时，设计师要定义芯片上所有晶体管的几何图形和工艺规则，最后将设计结果交由 IC 厂家掩膜制造完成。优点是：芯片可以获得最优的性能，即面积利用率高、速度快、功耗低。缺点是：开发周期长，费用高，只适合大批量产品开发。

半定制 ASIC 芯片的版图设计方法有所不同，分为门阵列设计法和标准单元设计法，这两种方法都是约束性的设计方法，其主要目的就是简化设计，以牺牲芯片性能为代价来缩短开发时间。可编程逻辑芯片与上述掩膜 ASIC 的不同之处在于：设计人员完成版图设计后，在实验室内就可以烧制出自己的芯片，无须 IC 厂家的参与，大大缩短了开发周期。可编程逻辑器件自 20 世纪 70 年代以来，经历了 PAL、GAL、CPLD、FPGA 几个发展阶段，其中 CPLD/FPGA 属高密度可编程逻辑器件，目前集成度已高达 200 万门/片，它将掩膜 ASIC 集成度高的优点和可编程逻辑器件设计生产方便的特点结合在一起，特别适合于样品研制或小批量产品开发，使产品能以最快的速度上市，而当市场扩大时，它可以很容易地转由掩膜 ASIC 实现，因此开发风险也大为降低。上述 ASIC 芯片，尤其是 CPLD/FPGA 器件，已成为现代高层次电子设计方法的实现载体，也实现了硬件电路的软件化设计。

1.4 硬件描述语言

硬件描述语言（HDL-Hardware Description Language）是一种用于设计硬件电子系统的计算机语言，它用软件编程的方式来描述电子系统的逻辑功能、电路结构和连接形式，与传统的门级描述方式相比，它更适合大规模系统的设计。随着 EDA 技术的发展，使用硬件描述语言设计 PLD/FPGA 成为一种趋势。目前最主要的硬件描述语言是 VHDL 和 Verilog HDL。VHDL 发展的较早，语法严格，而 Verilog HDL 是在 C 语言的基础上发展起来的一种硬件描述语言，语法较自由。VHDL 和 Verilog HDL 两者相比，VHDL 的书写规则比 Verilog 烦琐一些，但 Verilog 自由的语法也容易让初学者出错。

例如，一个 32 位的加法器，利用图形输入软件需要输入 500 至 1000 个门，而利用 VHDL 语言只需要书写一行 A=B+C 即可，而且 VHDL 语言可读性强，易于修改和发现错误。早期的硬件描述语言，如 ABEL-HDL、AHDL，是由不同的 EDA 厂商开发的，互相不兼容，而且不支持多层次设计，层次间翻译工作要由人工完成。为了克服以上缺陷，1985 年 美国国防部正式推出了 VHDL（Very High Speed IC Hardware Description Language）语言，1987 年 IEEE 采纳 VHDL 为硬件描述语言标准（IEEE STD-1076）。VHDL 是一种全方位的硬件描述语言，包括系统行为级、寄存器传输级和逻辑门级多个设计层次，支持结构、数据流、行为三种描述形式的混合描述，因此 VHDL 几乎覆盖了以往各种硬件描述语言的功能，整个自顶向下或自底向上的电路设计过程都可以用 VHDL 来完成。另外，VHDL 还具有以下优点：VHDL 的宽范围描述能力使它成为高层次设计的核心，将设计人员的工作重心提高到了系统功能的实现与调试，只需花较少的精力用于物理实现。VHDL 可以用简洁明确的代码描述来进行复杂控制逻辑的设计，灵活且方便，而且也便于设计结果的交流、保存和重用。VHDL 的设计不依赖于特定的器件，方便了工艺的转换。VHDL 是一个标准语言，为众多的 EDA 厂商支持，因此移植性好。

Verilog HDL 就是在用途最广泛的 C 语言的基础上发展起来的一种硬件描述语言，它是由 GDA（Gateway Design Automation）公司的 PhilMoorby 在 1983 年末首创的，最初只设计了一个仿真与验证工具，之后又陆续开发了相关的故障模拟与时序分析工具。1985 年 Moorby 推出它的第三个商用仿真器 Verilog-XL，获得了巨大的成功，从而使得 Verilog HDL 迅速得到推广应用。1989 年 CADENCE 公司收购了 GDA 公司，使得 Verilog HDL 成为了该公司的独家专利。1990 年 CADENCE 公司公开发表了 Verilog HDL，并成立 LVI 组织以促进 Verilog HDL 成为 IEEE 标准，即 IEEE Standard 1364—1995。

选择 VHDL 还是 Verilog HDL？这是一个初学者最常见的问题。其实两种语言的差别并不大，它们的描述能力也是类似的。掌握其中一种语言以后，可以通过短期的学习，较快地学会另一种语言。选择何种语言主要还是看周围人群的使用习惯，这样可以方便日后的学习交流。当然，如果是集成电路（ASIC）设计人员，则必须首先掌握 Verilog，因为在 IC 设计领域，90%以上的公司都是采用 Verilog 进行 IC 设计。对于 PLD/FPGA 设计者而言，两种语言可以自由选择。

1.5 可编程逻辑器件的未来

EDA 技术已经渗透到各行各业，如上文所说，包括在机械、电子、通信、航空航天、化工、矿产、生物、医学、军事等各个领域，都有 EDA 应用。EDA 技术是电子设计领域的一场革命，目前正处于高速发展阶段，每年都有新的 EDA 工具问世，我国 EDA 技术的应用水平长期落后于发达国家，因此，广大电子工程人员应该尽早掌握这一先进技术，这不仅是提高设计效率的需要，更是我国电子工业在世界市场上生存、竞争与发展的需要。

目前可编程逻辑器件的发展趋势主要体现在：低密度 PLD 在一定时间内还将存在一定时期；高密度 PLD 继续向更高密度，更大容量迈进；IP 内核得到进一步发展。具体体现在以下几点。

（1）PLD 正在由点 5V 电压向低电压 3.3V 甚至 2.5V 器件演进，这样有利于降低功耗。

（2）ASCI 和 PLD 出现相互融合。标准逻辑 ASIC 芯片尺寸小、功能强大、不耗电，但设计复杂，并且有批量要求；而可编程逻辑器件价格较低廉，能在现场进行编程，但它们体积大、能力有限，而功耗比 ASIC 大。因此，从市场发展的情况看 FPGA 和 ASIC 正逐步走到一起来，互相融合，取长补短。

（3）ASIC 和 FPGA 之间的界限正变得模糊。系统级芯片不仅集成 RAM 和微处理器，也集成 FPGA。随着 ASIC 制造商向下发展和 FPGA 的向上发展，在 CPLD/FPGA 之间正在诞生一种"杂交"产品，以满足降低成本和尽快上市的要求。

（4）价格不断降低。随着芯片生产工艺的不断进步，如 Altera 的 Stratix 10 系列已经做到 12nm，大部分已经做到 28nm、40nm，芯片线宽的不断减少使芯片的集成度不断提高。Die（裸片）面积大小是产品价格高低的重要因素，线宽的减少必将大大降低了 PLD 产品的价格。

（5）集成度不断提高。微细化新工艺的推出以及市场的需要是集成度不断提高的基础和动力。许多公司在新技术的推动下，产品集成度迅速提高，尤其是最近几年的迅速发展，其集成度已经达到了 1000 万门，现在有的 PLD 则达到了几百万系统门甚至一千万系统门。

（6）向系统级发展。集成度的不断提高使得产品的性能不断提高，功能不断增多。最早的 PLD 仅仅能够实现一些简单的逻辑功能，而现在已经逐渐把 DSP、MCU、存储器及应用接口等集成到 PLD 中，使得 PLD 功能大大增强，使得系统在片上 SOPC（System On a Programmable Chip）技术得以实现。可以预见未来的一块电路板上可能只有两部分电路：模拟部分（包括电源）和一块 PLD 芯片，最多还有一些大容量的存储器。

第 2 章 可编程逻辑器件

一般数字芯片，其内部电路、功能在出厂前就已经决定，出厂后无法再次改变，也称为固定逻辑器件。事实上一般的模拟芯片也都一样，都是出厂后就无法再对其内部电路进行修改。可编程逻辑器件 PLD（Programmable Logic Device），与一般的数字芯片不同，其内部的数字电路可以在出厂后重新规划决定，即 PLD 生产时是按一种通用集成电路产生的，而其逻辑功能则是由用户对器件编程来确定的。PLD 是能够为用户提供范围广泛的多种逻辑能力、特性、速度和电压特性的标准成品部件，而且此类器件的逻辑可在任何时间改变，从而完成许多种不同的功能。PLD 的集成度很高，足以满足设计一般数字系统的需要。这样就可以由设计人员自行编程而把一个数字系统"集成"在一片 PLD 上，而不必去请芯片制造厂商设计和制作专用的集成电路芯片了。

2.1 概述

任何组合逻辑函数都可以写成最小项的和的形式，也就是可以用与门、或门两级电路实现（需要提供输入变量的反信号）。当然任何时序电路也就可以由组合逻辑加上记忆元件（如锁存器、触发器、RAM）构成。

2.1.1 PLD 的发展

在数字电路的存储器一章中讲到的紫外线擦除只读存储器（EPROM）和电可擦除只读存储器（EEPROM），就是一种 20 世纪 70 年代初期的可编程逻辑器件。PROM 采用固定的与阵列和可编程的或阵列组成，由于输入变量个数 n 的增加会引起存储容量以 2^n 倍上升，因此用 PROM 只能实现简单的组合逻辑。为克服 PROM 的缺点，20 世纪 70 年代中期出现了可编程逻辑阵列 PLA，其与阵列和或阵列都可编程，造成软件算法复杂，编程后运行速度慢，故也只能用于小规模电路设计。到 20 世纪 70 年代末，AMD 公司对 PLA 进行了改进，推出可编程阵列逻辑 PAL，采用或阵列固定，与阵列可编程。简化了算法，运行速度提高，适用于中小规模电路的设计，但缺点是对应一种输出 I/O 结构方式就有一种 PAL，造成生产使用不便。20 世纪 80 年代中期，在 PAL 基础发展起来的通用阵列逻辑 GAL 器件，采用了 EECMOS 工艺使得该器件实现了电可擦除、电可改写，编程非常方便，另外由于其输出采用了逻辑宏单元结构（Output Logic Macro Cell，OLMC），使得电路的逻辑设计更加灵活。这些早期的 PLD 器件的一个共同特点是可以实现速度特性较好的逻辑功能，但其过于简单的结构也使它们只能实现规模较小的电路。

为了弥补这一缺陷，20 世纪 80 年代中期。Altera 和 Xilinx 分别推出了类似于 PAL 结构的扩展型 CPLD（Complex Programmable Logic Dvice）和与标准门阵列类似的 FPGA（Field Programmable Gate Array），它们都具有体系结构和逻辑单元灵活、集成度高以及适用范围宽等特点。这两种器件兼容了 PLD 和通用门阵列的优点，可实现较大规模的电路，同以往的 PAL/GAL 等相比，一片 FPGA/CPLD 可以替代几十甚至几千块通用 IC 芯片，编程也很灵活，实际上一片

FPGA/CPLD 就是一个子系统。这种芯片受到世界范围内电子工程设计人员的广泛关注和普遍欢迎。与门阵列 ASIC（Application Specific IC）相比，它们又具有设计开发周期短、设计制造成本低、开发工具先进、标准产品无须测试、质量稳定以及可实时在线检验等优点，因此被广泛应用于产品的原型设计和产品生产（一般在 10000 件以下）之中。几乎所有应用门阵列、PLD 和中小规模通用数字集成电路的场合均可应用 FPGA 和 CPLD 器件。

难以想象，Altera 公司的 Stratix 10®器件是 Intel 革命性的 14 nm 3D 三栅极晶体管技术的唯一主要 FPGA 和 SoC，实现了性能和功效的突破。原来需要成千上万只电子元器件组成的电子设备电路，现在以单片超大规模集成电路即可实现，为 SoC 技术和 SOPC 的发展开拓了空间。

2.1.2 PLD 的分类

PLD 是数字集成电路的一种，数字集成电路的分类如图 2-1-1 所示。

（1）按集成度分类，可分为简单 PLD、复杂 PLD。

（2）按编程次数分类，可分为一次性编程器件（One Time Programmable，OTP）、可多次编程器件；

（3）按不同的编程元件和编程工艺划分，可分为：采用熔丝（Fuse）编程元件的器件，如 PROM；采用反熔丝（Antifuse）编程元件的器件；采用紫外线擦除、电编程方式的器件，如 EPROM；采用电擦除、电编程方式的器件，一般采用 E²PROM 和快闪存储器（Flash Memory）两种工艺实现这种编程方式，大多数 CPLD 采用此类方式；采用静态存储器（SRAM）结构的器件，大多数的 FPGA 采用此类结构。

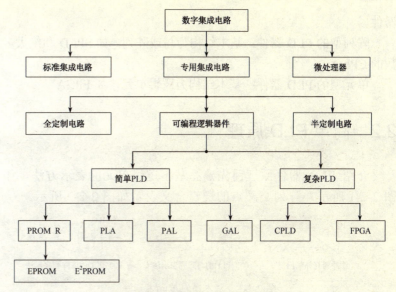

图 2-1-1　数字集成电路的分类

熔丝就是小型的，小到只有用显微镜才能看得到的保险丝，遇到大电流大电压的时候也会断开。反熔丝最开始的时候是连接两个金属连线的微型非晶体硅柱，在未编程状态下，非晶体硅就是一个绝缘体，也就意味着断开，当遇到大电流和大电压的时候就会变成电阻很小的导体，几乎就是通路了。也可以想成两个背靠背二极管串联，未编程状态时是断开的，编程时把反向的二极管击穿，也就导通了。不管是熔丝还是反熔丝，都相当于开关，只不过熔丝编程操作的是需要的逻辑的反断开，而反熔丝的编程操作是将需要的逻辑给接上。这样就为反熔丝型 FPGA 提供的可编程基础。熔丝、反熔丝编程都是一次性编程。

（4）按结构特点分类，可分为阵列型的 PLD 器件和单元型的 PLD

器件。

阵列型的 PLD 器件：基本结构为与或阵列，如 SPLD 和绝大多数的 CPLD。

单元型的 PLD 器件：基本结构为逻辑单元，如 FPGA。

2.2 简单 PLD 原理

介绍 PLD 器件原理前先熟悉基本逻辑单元的表示方法，如图 2-2-1 所示。阵列交叉点的逻辑含义表示如图 2-2-2 所示。

图 2-2-1 基本逻辑单元表示法

图 2-2-2 阵列交叉点的逻辑表示

可编程只读存储器除了用作存储器外，还可用来实现组合逻辑函数。下面以四变量的四输出函数用 $2^4 \times 4$ 的 PROM 实现的过程来理解 PROM 器件的原理。

例 2.1 4 个函数 Y_1，Y_2，Y_3，Y_4 如下式所示。

$Y_1(A,B,C,D) = \overline{A}BC + \overline{A}\,\overline{B}C$

$Y_2(A,B,C,D) = A\overline{B}C\overline{D} + BC\overline{D} + \overline{A}BC$

$Y_3(A,B,C,D) = ABC\overline{D} + \overline{A}BC\,\overline{D}$

$Y_4(A,B,C,D) = \overline{A}\,\overline{B}C\overline{D} + ABCD$

写成最小项的形式

$Y_1(A, B, C, D) = m_2 + m_3 + m_6 + m_7$

$Y_2(A, B, C, D) = m_6 + m_7 + m_{10} + m_{14}$

$Y_3(A, B, C, D) = m_4 + m_{14}$

$Y_4(A, B, C, D) = m_2 + m_{15}$

4 个输入变量 A、B、C、D 按顺序连接到 PROM 的地址输入端 $A_3A_2A_1A_0$，地址译码器相当于与逻辑阵列，译出 4 个输入变量的 16 个最小项 $W_0 \cdots W_{15}$；存储矩阵相当于或逻辑阵列，根据逻辑函数表达式，确定存储单元所应存的数据，$Y_1(A, B, C, D) = m_2 + m_3 + m_6 + m_7$ 也就是 $Y_1 = W_2 + W_3 + W_6 + W_7$，在或阵列相应位置编程，如图 2-2-3 所示，在数据端得到 4 个函数的输出。

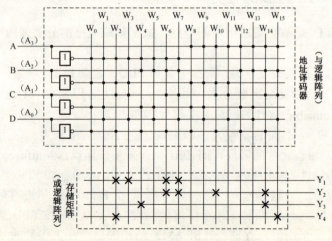

图 2-2-3 PROM 实现函数的过程

把该例推广到一般情况。如图 2-2-4（a）所示 $A_0\cdots A_{n-1}$ 是 PROM 的 n 个地址输入端，经地址译码器后输出 $W_0\cdots W_{p-1}$ 共 2^n 条字线，也即对应 n 个地址输入端的 2^n 个最小项。

$$W_0 = \overline{A_{n-1}}\cdots \overline{A_1}\,\overline{A_0}$$
$$W_1 = \overline{A_{n-1}}\cdots \overline{A_1}\,A_0$$
$$\cdots$$
$$W_{p-1} = A_{n-1}\cdots A_1 A_0$$

对应存储单元阵列的内容则根据输出函数 $F_0\cdots F_{m-1}$ 确定。可以用图 2-2-4（b）所示来代替。

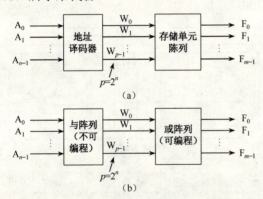

图 2-2-4 n 变量 PROM 的示意框图

例 2.2 以三变量、三输出函数的不同实现过程（如图 2-2-5 所示）来理解 PROM、PLA、PAL 的不同原理。

$$Q_0 = \overline{I_0}\,\overline{I_1}\,\overline{I_2} + \overline{I_0}\,\overline{I_1}I_2 + I_0\overline{I_1}\,\overline{I_2} + I_0\overline{I_1}I_2 = \overline{I_0}\,\overline{I_1} + I_0\overline{I_1}$$
$$Q_1 = \overline{I_0}\,\overline{I_1}I_2 + \overline{I_0}I_1\overline{I_2} + I_0\overline{I_1}I_2 + I_0\overline{I_1}\,\overline{I_2} = \overline{I_0}I_1 + I_0\overline{I_1}$$
$$Q_2 = \overline{I_0}\,\overline{I_1}\,\overline{I_2} + \overline{I_0}I_1\overline{I_2} + I_0I_1\overline{I_2} = \overline{I_0}\,\overline{I_2} + I_0I_1\overline{I_2}$$

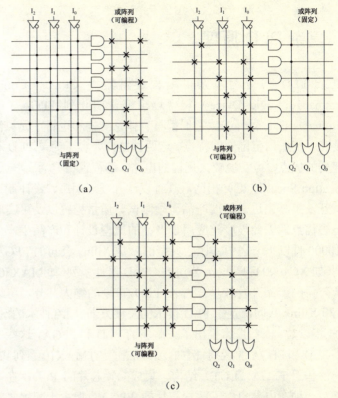

图 2-2-5 PROM、PAL、PLA 实现函数比较

GAL 按门阵列的可编程性分为两大类，一类是普通型，与 PAL 相似，与阵列可编程，或阵列固定，如 20 引脚的 GAL16V8。另一类与 PLA 相似，与或阵列都可编程，称为新一代的 GAL。GAL 与 PLA、PAL 一样仍属于低密度器件，由于阵列规模较小、片内寄存器资源不足、I/O 不够灵活以及编程不便，且加密功能不够理想等缺点，限制了其应用。目前已被复杂 CPLD 代替。

2.3 复杂 PLD 原理

复杂 PLD 可分为复杂可编程逻辑器件 CPLD（Complex Programmable Logic Dvice）和现场可编程门阵列 FPGA（Field Programmable Gate Array），它们都具有体系结构和逻辑单元灵活、集成度高以及适用范围宽的特点。这两种器件兼容了简单 PLD 和通用门阵列的优点，可实现较大规模的电路，编程也很灵活。与 ASIC（Application Specific IC）相比，具有设计开发周期短、设计制造成本低、开发工具先进、标准产品无须测试、质量稳定以及可实时在线检验等优点，因此被广泛应用于产品的原型设计和产品生产（一般在10000件以下）之中。比较典型的就是 Xilinx 公司的 FPGA 器件系列（如 XC4000）和 Altera 公司的 CPLD 器件系列（如 MAX700），这两个公司的产品开发较早，占领 PLD 市场的绝大部分，可以说 Altera 和 Xilinx 共同决定了 PLD 技术的发展方向。随着技术的发展，在 2004 年以后，一些厂家推出了一些新的 PLD 和 FPGA，这些产品模糊了 PLD 和 FPGA 的区别。例如，Altera 最新的 MAX10 系列 PLD，这是一种基于 FPGA（LUT）结构，集成配置芯片的 PLD，在本质上它就是一种在内部集成了配置芯片的 FPGA，但由于配置时间极短，上电就可以工作，所以对用户来说，感觉不到配置过程，可以像传统的 PLD 一样使用，加上容量和传统 PLD 类似，所以 Altera 把它归作 PLD。还有像 Lattice 的 XP 系列 FPGA，也是使用了同样的原理，将外部配置芯片集成到内部，在使用方法上和 PLD 类似，但是因为容量大，性能和传统 FPGA 相同，也是 LUT 架构，所以 Lattice 仍把它归为 FPGA。

2.3.1 CPLD 结构与原理

1. CPLD 结构

早期的 CPLD 是从 GAL 的结构扩展来的，是基于乘积项 Product-Term 技术的可编程逻辑器件，它属于阵列型 PLD，大多采用的是 EEPROM 和 Flash 工艺制造的，一上电就可以工作，无须其他芯片配合。以 Altera 的 MAX7000 为例介绍 CPLD 的总体结构，如图 2-3-1 所示的 CPLD 由可编程逻辑阵列 LAB、可编程 I/O 块 IOC、可编程内部连线 PIA 组成。可编程逻辑阵列 LAB 又由若干个可编程逻辑宏单元 LMC 组成。

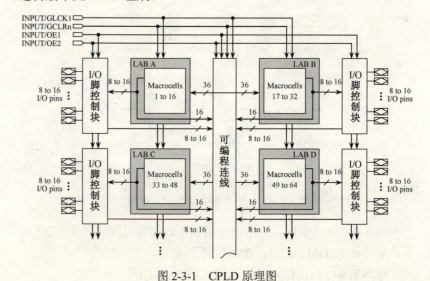

图 2-3-1 CPLD 原理图

宏单元是 PLD 的基本结构，由它来实现基本的逻辑功能，由3个功能块组成：逻辑阵列、乘积项选择矩阵和可编程寄存器。

第 2 章 可编程逻辑器件

如图 2-3-2 所示，各部分可以被独自配置为时序逻辑和组合逻辑工作方式。其中逻辑阵列实现组合逻辑，可以为每个宏单元提供 5 个乘积项。乘积项选择矩阵分配这些乘积项作为到"或门"和"异或门"的主要逻辑输入，以实现组合逻辑函数，或者把这些乘积项作为宏单元中寄存器的辅助输入，如清零、置位、时钟和时钟使能控制。每个宏单元中的触发器可以单独地编程为具有可编程时钟控制的 D、T、JK 或 RS 触发器的工作方式。触发器的时钟、清零输入可以通过编程选择使用专用的全局清零和全局时钟，或使用内部逻辑（乘积项逻辑阵列）产生的时钟和清零。触发器也支持异步清零和异步置位功能，乘积项选择矩阵分配乘积项来控制这些操作。如果不需要触发器，也可以将此触发器旁路，信号直接输给 PIA 或输出到 I/O 引脚，以实现组合逻辑工作方式。

线阵列可将各 LAB 相互连接构成所需的逻辑。这个全局总线是可编程的通道，它能把器件中任何信号源连到其目的地。所有 MAX7000 系列器件的专用输入、I/O 引脚和宏单元输出均反馈送到 PIA，PIA 可把这些信号送到整个器件内的各个地方。只有每个 LAB 所需的信号才真正给它布置从 PIA 到该 LAB 的连线，如图 2-3-3 所示是 PIA 信号布线到 LAB 的方式

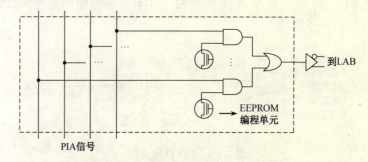

图 2-3-3 PIA 信号布线到 LAB 的方式

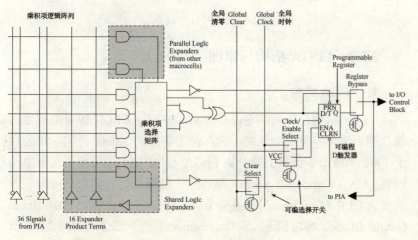

图 2-3-2 宏单元结构图

可编程连线负责信号传递，连接所有的宏单元。通过可编程连

I/O 控制块负责输入输出的电气特性控制，比如可以设定集电极开路输出，摆率控制，三态输出等。I/O 控制块允许每个 I/O 引脚单独地配置成输入/输出和双向工作方式。所有 I/O 引脚都有一个三态缓冲器，它能由全局输出使能信号中的一个控制，或者把使能端直接连接到地（GND）或电源（VCC）上。MAX7000 器件有 6 个全局输出使能信号，它们可以由以下信号驱动：两个输出使能信号、一个 I/O 引脚的集合、一个 I/O 宏单元的集合，或者是它"反相"后的信号。当三态缓冲器的控制端接地（GND）时，其输出为高阻态，而且 I/O 引脚可作为专用输入引脚。当三态缓冲器的控制端接电源（VCC）时，输出使能有效。

由于 CPLD 内部采用固定长度的金属线进行各逻辑块的互

13

联,因此设计的逻辑电路具有时间可预测性,避免了分段式互联结构时序不完全预测的缺点。到 20 世纪 90 年代,CPLD 发展更为迅速,不仅具有电擦除特性,而且出现了边缘扫描及在线可编程等高级特性。

2. CPLD 实现原理

例 2.3 通过由 CPLD 实现图 2-3-4 所示电路图的过程理解 CPLD 的实现原理。

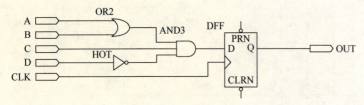

图 2-3-4 CPLD 电路图

实现图 2-3-4 中的组合逻辑（AND3 的输出）为 F,则 $F = (A+B)C\overline{D} = AC\overline{D} + BC\overline{D}$,PLD 将以图 2-3-5 的方式来实现组合逻辑 F。A、B、C、D 由 PLD 芯片的引脚输入后进入可编程连线阵列(PIA),在内部会产生 A、$\overline{A}$、B、$\overline{B}$、C、$\overline{C}$、D、$\overline{D}$ 8 个输出。图中每一个叉表示相连（可编程熔丝导通）,所以得到：$F=F_1+F_2=AC\overline{D}+BC\overline{D}$。这样组合逻辑就实现了。图 2-3-4 电路中 D 触发器的实现比较简单,直接利用宏单元中的可编程 D 触发器来实现。时钟信号 CLK 由 I/O 引脚输入后进入芯片内部的全局时钟专用通道,直接连接到可编程触发器的时钟端。可编程触发器的输出与 I/O 引脚相连,把结果输出到芯片引脚,这样 PLD 就完成了如图 2-3-4 所示电路的功能（以上这些步骤都是由软件自动完成的,不需要人为干预）。图 2-3-4 的电路是一个很简单的例子,只需要一个宏单元就可以完成。但对于一个复杂的电路,一个宏单元是不能实现的,这时就需要通过并联扩展项和共享扩展项将多个宏单元相连,宏单元的输出也可以连接到可编程连线阵列,再作为另一个宏单元的输入。这样 PLD 就可以实现更复杂逻辑。

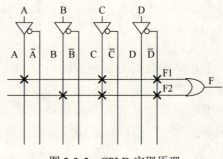

图 2-3-5 CPLD 实现原理

2.3.2 FPGA 结构与原理

1. FPGA 结构

现场可编程门阵列,它是在 PAL、GAL、CPLD 等可编程器件的基础上进一步发展的产物,它起源于美国的 Xilinx 公司,该公司于 1985 年推出了世界上第一块 FPGA 芯片。FPGA 采用了逻辑单元阵列 LCA（Logic Cell Array）这样一个新概念,内部包括可配置逻辑模块 CLB（Configurable Logic Block）、输出/输入模块 IOB（Input Output Block）和内部连线（Interconnect）三个部分,如图 2-3-6 所示。现场可编程门阵列（FPGA）是可编程器件。与传统逻辑电路和门阵列（如 PAL、GAL 及 CPLD 器件）相比,FPGA 具有不同的结构，FPGA 利用小型查找表（16×1RAM）来实现组合逻辑，每个查找表连接到一个 D 触发器的输入端，触发器再来驱动其他逻辑电路或驱动 I/O，由此构成了既可实现组合逻辑功能又可实现时序逻辑功能的基本逻辑单元模块，这些模块间利用金属连线互相连接或连接到 I/O 模块。

上的逻辑与外部引脚的接口，通常排列在芯片的四周；可编程互联资源 IR 包括各种长度的连线线段和一些可编程连接开关，它们将各个 CLB 之间或 CLB 与 IOB 之间以及各 IOB 之间连接起来，构成特定功能。

2. FPGA 实现原理

绝大部分 FPGA 都采用查找表技术，如 Altera 的 ACEX、APEX、Cyclone、Stratix 系列，Xilinx 的 Spartan、Virtex 系列等。这些 FPGA 中的最基本逻辑单元都是由 LUT 和触发器组成的。查找表简称 LUT，本质上就是一个 RAM。目前 FPGA 中多使用 4 输入的 LUT，所以每一个 LUT 可以看成一个有 4 位地址线的 16×1 的 RAM，结构如图 2-3-7 所示。当用户通过原理图或 HDL 语言描述一个逻辑电路以后，FPGA 开发软件会自动计算逻辑电路的所有可能的结果，并把结果事先写入 RAM。这样，每输入一个信号进行逻辑运算就等于输入一个地址进行查表，找出该地址对应的内容，然后输出即可。

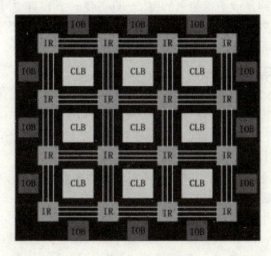

图 2-3-6　FPGA 原理图

FPGA 的逻辑是通过向内部静态存储单元加载编程数据来实现的，存储在存储器单元中的值决定了逻辑单元的逻辑功能以及各模块之间或模块与 I/O 间的连接方式，并最终决定了逻辑单元的逻辑功能以及各模块之间或模块与 I/O 间的连接方式，并最终决定了 FPGA 所能实现的功能，FPGA 允许无限次的编程。

CLB 是实现逻辑功能的基本单元，它们通常规则地排列成一个阵列，散布于整个芯片中；可编程输入/输出模块 IOB 主要完成芯片

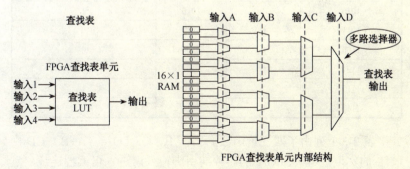

图 2-3-7　LUT 结构原理

表 2-3-1　LUT 的实现方式

实际电路		LUT 的实现方式	
ABCD 输入	逻辑输出	地址	RAM 中存储的内容
0000	0	0000	0
0001	0	0001	0
0010	0	0010	0
0011	0	0011	0
0100	0	0100	0
0101	0	0101	0
0110	1	0110	1
0111	0	0111	0
1000	0	1000	0
1001	0	1001	0
1010	1	1010	1
1011	0	1011	0
1100	0	1100	0
1101	0	1101	0
1110	1	1110	1
1111	0	1111	0

表 2-3-1 列出了四变量函数 F（A，B，C，D）=（A+B）$C\overline{D}$ 由 LUT 的实现过程。FPGA 的芯片的引脚输入后进入可编程连线，然后作为地址线连到 LUT，LUT 中已经事先写入了所有可能的逻辑结果，通过地址查找到相应的数据然后输出，这样组合逻辑就实现了。

该电路中 D 触发器是直接利用 LUT 后面 D 触发器来实现的。时钟信号 CLK 由 I/O 引脚输入后进入芯片内部的时钟专用通道，直接连接到触发器的时钟端。触发器的输出与 I/O 引脚相连，把结果输出到芯片引脚。这样 PLD 就完成了如图 2-3-4 所示电路的功能（以上这些步骤都是由软件自动完成的，不需要人为干预）。

这个电路是一个很简单的例子，只需要一个 LUT 加上一个触发器就可以完成。对于一个 LUT 无法完成的电路，就需要通过进位逻辑将多个单元相连，这样 FPGA 就可以实现复杂的逻辑。

3. FPGA 编程方式

在这 20 年的发展过程中，FPGA 的硬件体系结构和软件开发工具都在不断地完善，日趋成熟。从最初的 1200 个可用门，到 20 世纪 90 年代有几十万个可用门，发展到目前数百万门至上千万门的单片 FPGA 芯片。

FPGA 是由存放在片内 RAM 中的程序来设置其工作状态的，因此，工作时需要对片内的 RAM 进行编程。用户可以根据不同的配置模式，采用不同的编程方式。

加电时，FPGA 芯片将 EPROM 中数据读入片内编程 RAM 中，配置完成后，FPGA 进入工作状态。掉电后，FPGA 恢复成初始状态，内部逻辑关系消失，因此，FPGA 能够反复使用。FPGA 的编程无须专用的 FPGA 编程器，只需用通用的 EPROM、PROM 编程器即可。当需要修改 FPGA 功能时，只需换一片 EPROM 即可。这样，同一片 FPGA，不同的编程数据，可以产生不同的电路功能。因此，FPGA 的使用非常灵活。

市场上有三种基本的 FPGA 编程技术：SRAM、反熔丝、Flash。其中，SRAM 是迄今为止应用范围最广的架构，主要因为它速度快且具有可重编程能力，而反熔丝 FPGA 只具有一次可编程（One Time

Programmable，OTP）能力。基于 Flash 的 FPGA 是 FPGA 领域比较新的技术，也能提供可重编程功能。基于 SRAM 的 FPGA 器件经常带来一些其他的成本，包括启动 PROM 支持安全和保密应用的备用电池等。基于 Flash 和反熔丝的 FPGA 没有这些隐含成本，因此可保证较低的总系统成本。

（1）基于 SRAM 的 FPGA 器件。这类产品是基于 SRAM 结构的可再配置型器件，上电时要将配置数据读入片内 SRAM 中，配置完成就可进入工作状态。掉电后 SRAM 中的配置数据丢失，FPGA 内部逻辑关系随之消失。这种基于 SRAM 的 FPGA 可以反复使用。

（2）反熔丝 FPGA 器件。采用反熔丝编程技术的 FPGA 内部具有反熔丝阵列开关结构，其逻辑功能的定义由专用编程器根据设计实现所给出的数据文件，对其内部的反熔丝阵列进行烧录，从而使器件实现相应的逻辑功能。这种器件的缺点是只能一次性编程；优点是具有高抗干扰性和低功耗，适合于要求高可靠性、高保密性的定型产品。

（3）基于 Flash 的 FPGA 器件。在这类 FPGA 器件中集成了 SRAM 和非易失性 EEPROM 两类存储结构。其中 SRAM 用于在器件正常工作时对系统进行控制，而 EEPROM 则用来装载 SRAM。由于这类 FPGA 将 EEPROM 集成在基于 SRAM 工艺的现场可编程器件中，因此可以充分发挥 EEPROM 的非易失特性和 SRAM 的重配置性。掉电后，配置信息保存在片内的 EEPROM 中，因此不需要片外的配置芯片，有助于降低系统成本、提高设计的安全性。

2.4 选择 CPLD 还是选择 FPGA

FPGA 是一种高密度的可编程逻辑器件，自从 Xilinx 公司 1985 年推出第一片 FPGA 以来，FPGA 的集成密度和性能提高很快，其集成密度最高达 500 万门/片以上，系统性能可达 200MHz。由于 FPGA 器件集成度高，方便易用，开发和上市周期短，在数字设计和电子生产中得到迅速普及和应用，并一度在高密度的可编程逻辑器件领域中独占鳌头。

CPLD 是由 GAL 发展起来的，其主体结构仍是与或阵列，自从 20 世纪 90 年代初 Lattice 公司高性能的具有在系统可编程 ISP(In System Programmable) 功能 CPLD 以来，CPLD 发展迅速。具有 ISP 功能的 CPLD 器件由于具有与 FPGA 器件相似的集成度和易用性，在速度上还有一定的优势，使其在可编程逻辑器件技术的竞争中与 FPGA 并驾齐驱，成为两支领导可编程器件技术发展的力量之一。从下面几方面简单对二者做一下比较。

1．结构

FPGA 器件在结构上，由逻辑功能块排列为阵列，并由可编程的内部连线连接这些功能块来实现一定的逻辑功能。

CPLD 是将多个可编程阵列逻辑（PAL）器件集成到一个芯片，具有类似 PAL 的结构。一般情况下 CPLD 器件中至少包含三种结构：可编程逻辑功能块（FB）；可编程 I/O 单元；可编程内部连线。

2．集成度

FPGA 可以达到比 CPLD 更高的集成度，同时也具有更复杂的布线结构和逻辑实现。

3．适合结构

FPGA 更适合于触发器丰富的结构，而 CPLD 更适合于触发器有限而乘积项丰富的结构。

4．编程

CPLD 通过修改具有固定内连电路的逻辑功能来编程，FPGA 主要通过改变内部连线的布线来编程；FPGA 可在逻辑门下编程，而 CPLD 是在逻辑块下编程，在编程上 FPGA 比 CPLD 具有更大的灵活性。

5. 功率消耗

CPLD 的缺点比较突出。一般情况下，CPLD 功耗要比 FPGA 大，且集成度越高越明显。

6. 速度

CPLD 优于 FPGA。由于 FPGA 是门级编程，且 CLB 之间是采用分布式互联；而 CPLD 是逻辑块级编程，且其逻辑块互联是集总式的。因此，CPLD 比 FPGA 有较高的速度和较大的时间可预测性，产品可以给出引脚到引脚的最大延迟时间。

7. 编程方式

目前的 CPLD 主要是基于 E^2PROM 或 Flash 存储器编程，编程次数达 1 万次。其优点是在系统断电后，编程信息不丢失。CPLD 又可分为在编程器上编程和在系统编程（ISP）CPLD 两种。ISP 器件的优点是不需要编程器，可先将器件装焊于印制板，再经过编程电缆进行编程，编程、调试和维护都很方便。

FPGA 大部分是基于 SRAM 编程，其缺点是编程数据信息在系统断电时丢失，每次上电时，需从器件的外部存储器或计算机中将编程数据写入 SRAM 中。其优点是可进行任意次数的编程，并可在工作中快速编程，实现板级和系统级的动态配置，因此可称为在线重配置（In CircuitReconfigurable，ICR）的 PLD 或可重配置硬件（Reconfigurable Hardware Product，RHP）。

8. 使用方便性

CPLD 比 FPGA 要好。CPLD 的编程工艺采用 E^2CPLD 的编程工艺，采用了 E^2PROM 或 FASTFlash 技术，无须外部存储器芯片，使用简单，保密性好。而基于 SRAM 编程的 FPGA，其编程信息需存放在外部存储器上，需外部存储器芯片，且使用方法复杂，保密性差。

根据 CPLD 的结构和原理可以知道，CPLD 分解组合逻辑的功能很强，一个宏单元就可以分解十几个甚至 20～30 多个组合逻辑输入。而 FPGA 的一个 LUT 只能处理 4 输入的组合逻辑，因此，CPLD 适合用于设计译码等复杂组合逻辑。但 FPGA 的制造工艺确定了 FPGA 芯片中包含的 LUT 和触发器的数量非常多，往往都是几千上万个，CPLD 一般只能做到 512 个逻辑单元，而且如果用芯片价格除以逻辑单元数量，FPGA 的平均逻辑单元成本大大低于 CPLD。所以如果设计中使用到大量触发器，例如设计一个复杂的时序逻辑，那么使用 FPGA 就是一个很好选择。同时 CPLD 拥有上电即可工作的特性，而大部分 FPGA 需要一个加载过程，所以如果系统要求可编程逻辑器件上电就要工作，那么就应该选择 CPLD。

2.5 生产 PLD 的四大厂商

生产 PLD 的四大厂商介绍如表 2-5-1 所示。

表 2-5-1 生产 PLD 的四大厂商

厂商名称	网址	简介
ALTERA	www.altera.com	最大的供应商之一
XILINX	www.xilinx.com	FPGA 的发明者，最大的供应商之一
Lattice	www.latticesemi.com	ISP 技术的发明者
Actel	www.actel.com	提供军品及宇航级产品

第 3 章 VHDL 设计基础

VHDL 主要用于描述数字系统的结构、行为、功能和接口。除了含有许多具有硬件特征的语句外，VHDL 的语言形式和描述风格与句法是十分类似于一般的计算机高级语言。VHDL 的程序结构特点是将一项工程设计，或称设计实体（可以是一个元件、一个电路模块或一个系统）分成外部（实体）和内部（结构体）。在对一个设计实体定义了外部界面后，一旦其内部开发完成后，其他的设计就可以直接调用这个设计。这种将设计实体分成内外部分的概念是 VHDL 系统设计的基本点。

VHDL 具有强大的语言结构，只需采用简单明确的 VHDL 程序就可以描述十分复杂的硬件电路。同时，它还具有多层次的电路设计描述功能。此外，VHDL 语言能够同时支持同步电路、异步电路和随机电路的设计实现，这是其他硬件描述语言所不能比拟的。VHDL 语言设计方法灵活多样，既支持自顶向下的设计方式，也支持自底向上的设计方法；既支持模块化设计方法，也支持层次化设计方法。

本章将从 VHDL 的基本组成、VHDL 的基本要素、VHDL 的基本语句和 VHDL 的子程序这 4 个方面使读者能迅速地把握 VHDL 的基本结构和设计特点，为后面的学习打好基础。

3.1 VHDL 的基本组成

VHDL 是一种标准化的程序设计语言，包含 5 种基本的语言结构，分别是库（LIBRARY）、程序包（PACKAGE）、实体（ENTITY）、结构体（ARCHITECTURE）和配置（CONFIGURATION）。一个完整的 VHDL 设计实体具有如图 3-1-1 所示的结构。

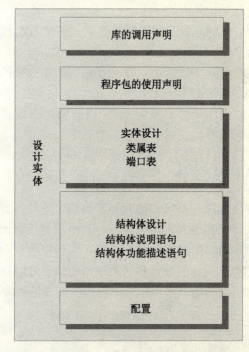

图 3-1-1　VHDL 设计实体结构图

需要特殊注意的是：

（1）VHDL 中实体、结构体、库、程序包是必备的结构，而配置可以省略。如果在设计中没有发现库和程序包的使用说明，则是因为该设计只调用了 STD 库。STD 库是 VHDL 的标准配置库，当设计中只调用 STD 库时，该库、程序包使用说明显性打开，可以不写。

（2）在一个 VHDL 设计中只能有一个实体，对应该实体可以有多个结构体。但在实际工作时只有一个结构体发挥作用，此时往往需要设计者进行结构体配置。

（3）VHDL 中的注释使用双横线"--"。在 VHDL 程序的任何一行中，双横线"--"后面的文字不参加编译和综合。

（4）VHDL 不区分大小写，不论是语言本身自带的关键字还是设计者定义的标识符都不区分大小写。

（5）VHDL 的语句结束符是"；"，当遇到"；"时说明该条语句结束，这是一条完整的说明语句或描述语句。

3.1.1 VHDL 实体

实体是描述电路和系统的输入和输出端口等外部信息的设计结构，主要由端口表和类属表构成。端口表用于描述设计实体对外通信的输入和输出端口的数量、数据类型、端口模式等动态特性，类属表用于描述设计实体的输入和输出端口的边沿延时、位宽等静态特性。实体语句结构如下（中括号中的内容代表可省略）：

```
ENTITY 实体名 IS
    [GENERIC(类属表); ]
    [PORT(端口表); ]
END [ENTITY] [实体名];
```

一个完整的实体结构包含关键字、实体名、类属表和端口表，其中类属表和端口表并不是必须的，理论上两者都可以省略，但是端口表一般都是必备的，如下例所示：

例 3-1：

```
ENTITY mux21 IS
    PORT ( a, b, s0: IN   BIT;
                y: OUT BIT   );
END ENTITY mux21;
```

这是一个只包含了端口表的实体设计，从实体名上可以知道这是一个 2 选 1 数据选择器的设计。它以关键字 ENTITY 开始，以 END ENTITY 结束。mux21 是该设计的实体名，实体名由设计者确定，命名必须符合 VHDL 的命名规则并且应尽量在实体名中体现该设计的功能及端口等特性。PORT()内部就是端口表，a、b、s0、y 指的是端口名，IN 说明该端口的端口方向是输入，OUT 说明 y 端口的端口方向是输出，BIT 是端口的数据类型。

包含类属表和端口表的实体设计如下例所示：

例 3-2：

```
ENTITY ANDgate IS
    GENERIC(n:INTEGER := 2);
    PORT(Inputs:IN BIT_VECTOR (1 to n);
            Output:OUT BIT) ;
END ENTITY ANDgate;
```

GENERIC()内部就是类属表，通常放在端口表之前，n 是类属参量名，是一个常量，INTEGER 是类属标识，:=2 说明该类属参量的初值为 2。该设计是一个双输入端与门，它的输入端口数量由类属表决定，设计者可以很方便地通过修改类属表来改变输入端口数量等静态属性。

端口方向有四种模式，分别是 IN、OUT、INOUT 和 BUFFER，默认状态是 IN。

IN：输入模式，只允许数据由外部流向设计实体内部，主要用于数据输入端口、时钟输入端口或控制输入端口等。

OUT：输出模式，只允许数据由设计实体内部流向外部，主要用于数据输出端口,该端口模式没有反馈功能,不能在设计实体内部回读该端口的状态。

INOUT:输入/输出双向模式,既允许数据由外部流向设计实体内部,又允许数据由设计实体内部流向外部,主要用于双向数据总线、三态门等。

BUFFER:输出缓冲模式,允许数据由实体内部流向外部,但是该模式有反馈功能,设计实体内部可以回读该端口的状态。

常用端口的数据类型有位 BIT、位矢量 BIT_VECTOR、标准逻辑 STD_LOGIC 和标准逻辑矢量 STD_LOGIC_VECTOR 等,本书将在 3.2.2 节中具体讲解。

3.1.2 VHDL 结构体

结构体是描述电路和系统的功能信息的设计结构,依附于实体,由结构体说明语句和结构体功能描述语句构成。结构体说明语句是对数据类型、常数、信号、子程序和例化元件等元素的说明,结构体功能描述语句是描述实体逻辑行为,以各种不同的描述风格来表达实体的功能。结构体的语句格式如下(中括号中的内容代表可省略):

```
ARCHITECTURE  结构体名  OF  实体名  IS
    [说明语句]
    BEGIN
    [功能描述语句]
    END [ARCHITECTURE][结构体名];
```

结构体说明语句和结构体功能描述语句理论上也是可以省略,但是一个完整的设计实体一般都包含这两者,或者至少包含结构体功能描述语句,如下例所示:

例 3-3:

```
ARCHITECTURE behave OF mux21 IS
    BEGIN
        PROCESS (a,b,s0)
        BEGIN
            IF s0 = '0' THEN   y <= a ;
            ELSE   y <= b ;
            END IF;
        END PROCESS;
END ARCHITECTURE behave;
```

这是一个只包含了结构体功能描述语句的结构体设计,它是例 3-1 设计实体 2 选 1 数据选择器的功能描述部分。以关键字 ARCHITECTURE 开始,以 END ARCHITECTURE 结束,OF 和 IS 都是必要的关键字。mux21 是设计实体的实体名,behave 是结构体的结构体名,也由设计者确定,需符合 VHDL 的命名规则。第一个 BEGIN 表明结构体功能描述语句的开始,结构体功能描述语句只能由并行语句构成。本例的功能描述语句是一个进程语句 PROCESS,它的含义是当数据选择端 s0 为低电平时,y 输出 a 的信号,当 s0 为高电平时,y 输出 b 的信号。

包含结构体说明语句和功能描述语句的结构体设计如下例所示:

例 3-4:

```
ARCHITECTURE behave OF dff0 IS
    SIGNAL q1:STD_LOGIC;
BEGIN
    PROCESS(clk,d)
    BEGIN
        IF clk'even AND clk='1' THEN
            q1<=d;
        END IF;
```

```
    END PROCESS;
    q<=q1;
END ARCHITECTURE behave;
```

这是一个 D 触发器的结构体设计，在结构体说明语句部分定义了一个信号 q1，数据类型是 STD_LOGIC，用来作为数据传输的一个中间量。在进程语句 PROCESS 中，当输入脉冲的上升沿到来时 q1 将暂时存放当前输入端口 d 的数据，然后在进程结束后将该数据传输给输出端口 q。在结构体中区分是说明语句还是功能描述语句，最简单的方法是看该语句在第一个 BEGIN 之前还是之后。

3.1.3 VHDL 库

库是专门用于存放预先编译好的程序包的地方，对应一个文件目录，程序包的文件就放在此目录中，其功能相当于共享资源的仓库，所有已完成的设计资源只有存入某个"库"内才可以被其他实体共享。库的说明总是放在设计单元的最前面，表示该库资源对以下的设计单元开放。

库分为两大类：设计库和资源库，设计库包括 STD 库和 WORK 库等，资源库包括 IEEE 库、VITAL 库和用户自定义库等。库语句格式如下：

```
    LIBRARY 库名；
```

例如：

```
    LIBRARY IEEE；
```

在学习过程中最常用的库有 IEEE 库、STD 库和 WORK 库 3 种。

（1）IEEE 库。IEEE 库是 VHDL 设计中最为常见的库，它包含有 IEEE 标准程序包和其他一些支持工业标准的程序包。IEEE 库中的标准程序包主要包括 STD_LOGIC_1164、NUMERIC_BIT 和 NUMERIC_STD 等程序包，其中的 STD_LOGIC_1164 是最重要和最常用的程序包。大部分基于数字系统设计的程序包都是以此程序包中设定的标准为基础的，此外还有一些程序包虽非 IEEE 标准但由于其已成事实上的工业标准也都并入了 IEEE 库。这些程序包中最常用的是 Synopsys 公司的 STD_LOGIC_ARITH、STD_LOGIC_SIGNED 和 STD_LOGIC_UNSIGNED 程序包。目前流行于我国的大多数 EDA 工具都支持 Synopsys 公司的程序包，一般基于大规模可编程逻辑器件的数字系统设计 IEEE 库中的 STD_LOGIC_1164、STD_LOGIC_ARITH、STD_LOGIC_SIGNED、STD_LOGIC_UNSIGNED 四个程序包已足够使用。另外，需要注意的是在 IEEE 库中符合 IEEE 标准的程序包并非符合 VHDL 语言标准，如 STD_LOGIC_1164 程序包，因此在使用 VHDL 设计实体的前面必须以显式表达出来。

（2）STD 库。STD 库是 VHDL 的标准配置库，VHDL 在编译过程中会自动调用这个库，所以使用时不需要用语句另外说明。它包含程序包 standard 和 textio。程序包 standard 中定义了 bit、bit_vector、character 和 time 等数据类型；程序包 textio 主要包含了对文本文件进行读/写操作的过程和函数。

（3）WORK 库。WORK 库是用户在进行 VHDL 设计时的现行工作库，用户的设计成果将自动保存在这个库中，是用户自己的仓库，与 STD 库一样，使用该库也不需要任何说明。

3.1.4 VHDL 程序包

在 VHDL 中，设计的实体和结构体中定义的数据类型、常量、子程序说明和元件说明等部分只能在该设计实体中使用，而对其他设计实体是不可见的。

程序包说明像 C 语言中 include 语句一样，用来单纯地罗列 VHDL 中所要用到的信号定义、常量定义、数据类型、子程序说明和元件说明等，是一个可编译的设计单元。

要使用程序包中的某些说明和定义，要用 use 语句说明。各种 VHDL 编译系统都含有多个标准程序包，如 Std_Logic_1164 和 Standard 程序包。使用程序包前必须先调用该程序包所对应的库，格式如下：

```
LIBRARY 库名;
USE库名.程序包名.项目名或ALL;
```

例如：

```
LIBRARY IEEE;
--使用STD_LOGIC_1164程序包中的RISING_EDGE函数
USE IEEE.STD_LOGIC_1164.RISING_EDGE;
--使用STD_LOGIC_UNSIGNED程序包中的所有项目
USE IEEE.STD_LOGIC_UNSIGNED.ALL;
```

常用的预定义的程序包有 STD_LOGIC_1164、STD_LOGIC_ARITH、STD_LOGIC_SIGNED 和 STD_LOGIC_UNSIGNED。

（1）STD_LOGIC_1164 程序包：它是 IEEE 中最常用的程序包，是 IEEE 的标准程序包。其中包含了一些数据类型、子类型和函数的定义，这些定义将 VHDL 扩展为一个能描述多值逻辑的硬件描述语言，很好地满足了实际数字系统的设计需求。其中应用最多最广的是满足工业标准的数据类型 STD_LOGIC 和 STD_LOGIC_VECTOR。

（2）STD_LOGIC_ARITH 程序包：在 STD_LOGIC_1164 程序包的基础上扩展了三个数据类型 UNSIGNED、SIGNED 和 SMALL_INT，并为其定义了相关的算术运算和转移运算。

（3）STD_LOGIC_UNSIGNED 和 STD_LOGIC_SIGNED 程序包：这两个程序包是 Synopsys 公司的程序包，预先编译在 IEEE 库中。

（4）STANDARD 和 TEXTIO 程序包：STANDARD 中定义了许多基本的数据类型、子程序和函数。TEXTIO 程序包中定义了支持文件输入输出操作的许多类型和子程序。

除此之外，用户也可以自行设计程序包（保存到 WORK 下）。定义程序包的一般语句结构如下：

```
PACKAGE   程序包名   IS              --程序包首
    程序包首说明部分
END   程序包名;
PACKAGE BODY   程序包名   IS          --程序包体
    程序包体说明部分
    子程序描述语句
END   程序包名;
```

例 3-5：

```
PACKAGE   pack_one IS                          --程序包首
    FUNCTION   max( a,b:IN STD_LOGIC_VECTOR)   --定义函数首
        RETURN STD_LOGIC_VECTOR ;
END;
PACKAGE   BODY pack_one IS                     --程序包体
    FUNCTION   max( a,b : IN STD_LOGIC_VECTOR) --定义函数体
        RETURN STD_LOGIC_VECTOR IS
    BEGIN
        IF a > b THEN RETURN   a;
        ELSE RETURN   b;
        END IF;
    END FUNCTION max;                          --结束函数
END;                                           --结束程序包体
```

EDA 技术及实验教程

此时如果用户要在设计中使用 max 这个函数，只需在设计实体前加入 USE WORK.pack_one.ALL 就可以了。

3.1.5　VHDL 配置

VHDL 配置（Configuration）语句描述层与层之间的连接关系以及实体与结构体之间的对应关系。设计者可以利用这种配置语句来选择不同的结构体，使其与要设计的实体相对应。在仿真某一个实体时，可以利用配置来选择不同的结构体，进行性能对比实验，以得到性能最佳的结构体。

配置的一般语句结构如下：

```
CONFIGURATION  配置名  OF  实体名  IS
    FOR   为实体选配的结构体名
    END FOR;
END 配置名;
```

以 2 选 1 数据选择器为例来说明配置的使用方法：

例 3-6：

```
ENTITY mux21 IS
    PORT ( a, b, s0: IN   BIT;
           y: OUT BIT );
END ENTITY mux21;
ARCHITECTURE behave1 OF mux21 IS
    BEGIN
    PROCESS (a,b,s0)
        BEGIN
            IF s0 = '0'  THEN    y <= a ;
            ELSE   y <= b;
            END IF;
    END PROCESS;
END ARCHITECTURE behave1;
ARCHITECTURE behave2 OF mux21 IS
    BEGIN
        y <= a   WHEN   s0 = '0' ELSE b;
END ARCHITECTURE behave2;
CONFIGURATION cft OF mux21 IS
    FOR    behave1;
    END FOR;
END cft;
```

在例 3-6 中实体 mux21 有两个采用了不同语句来实现功能的结构体，配置语句将结构体 behave1 对应给了实体 mux21。因为配置不是必须的，如果没有配置语句，则系统自动将最后一个结构体对应给该实体。如果一个实体只有唯一一个结构体，则一般省略配置。

3.2　VHDL 的基本要素

VHDL 语言与其他高级语言一样，编写程序时也要遵循一定的语法规则。下面将从 VHDL 的标识符、VHDL 的数据类型、VHDL 的数据对象和 VHDL 的运算操作符等 4 方面介绍 VHDL 的基本要素。

3.2.1　VHDL 的标识符

VHDL 的标识符和其他高级编程语言一样，是一种用来对 VHDL 中的语法单位进行标识的符号，目的是为了区分不同的语法单位。所谓标识符规范，是指 VHDL 中符号书写的一般规则，它不仅对电子系统设计工程师是一个约束，同时也为各种各样的 EDA 工具提供了标准的书写规范。

目前，EDA 工具广泛支持的 VHDL 有两个标准版本：VHDL-87 标准和 VHDL-93 标准。VHDL-87 标准中有关标识符的语法规范经过扩展后，形成了 VHDL-93 标准中的标识符语法规范。通常设计工程师为了区分这两种标识符语法规范，习惯上将 VHDL-87 标准中的标识符称为短标识符，将 VHDL-93 标准中的标识符称为扩展标识符。

在 VHDL-87 标准中，短标识符的命名必须遵循下列规则。

（1）短标识符必须由英文字母、数字以及下画线组成。

（2）短标识符必须以英文字母开头。

（3）短标识符不允许出现连续两个下画线。

（4）短标识符最后一个字符不能是下画线。

（5）短标识符中英文字母不区分大小写。

（6）VHDL 中的关键字不能作为短标识符来使用。

在 VHDL 中，所谓关键字，是指在应用中具有特殊地位或者作用的标识符，如 END、OR 等。对于这种关键字，设计人员不能显式地将其声明为标识符。

在 VHDL-93 标准中，扩展标识符的命名必须遵循下列规则。

（1）扩展标识符用反斜杠来分隔，如\addr\。

（2）扩展标识符中允许包含图形符号和空格等，如 \addr& _bus\ 和\addr_bus\。

（3）扩展标识符的两个反斜杠之间可以用数字开头，如\16addr_bus\。

（4）扩展标识符的两个反斜杠之间可以使用关键字，如\END\

（5）扩展标识符中允许多个下画线相连。

（6）同名的扩展标识符和短标识符不同，addr 和\addr\代表 2 个不同的标识符。

（7）扩展标识符区分大小写，\addr\和\Addr\代表 2 个不同的标识符。

本书中的标识符大部分采用的是短标识符，为了便于区分，养成良好的书写习惯，在写关键字时一般采用大写字符，自定义字符则采用小写字符。

3.2.2 VHDL 的数据类型

VHDL 是一种强数据类型语言。要求设计实体中的每一个常数、信号、变量、函数以及设定的各种参量都必须具有确定的数据类型，并且相同数据类型的量才能互相传递和作用。

VHDL 数据类型分为四大类：标量类型、复合类型、存取类型和文件类型。

（1）标量类型（SCALAR TYPE）：属单元素的最基本的数据类型，通常用于描述一个单值数据对象，它包括实数类型、整数类型、枚举类型和时间类型。

（2）复合类型（COMPOSITE TYPE）：可以由细小的数据类型复合而成，如可由标量复合而成。复合类型主要有数组型（ARRAY）和记录型（RECORD）。

（3）存取类型（ACCESS TYPE）：为给定的数据类型的数据对象提供存取方式。

（4）文件类型（FILES TYPE）：用于提供多值存取类型。

VHDL 数据类型又分为预定义数据类型和用户定义数据类型。

预定义数据类型又分为预定义标准数据类型和 IEEE 预定义标准逻辑位与矢量。

1. VHDL 的预定义标准数据类型

（1）布尔量（BOOLEAN）。布尔量具有两种状态：FALSE 和 TRUE，常用于逻辑函数，如相等（=）、比较（<）等中作逻辑比较。如 BIT 值转化成 BOOLEAN 值：

```
boolean_var := (bit_var = '1');
```

（2）位（BIT）。BIT 表示一位的信号值。放在单引号中，如'0'或'1'。

（3）位矢量（BIT_VECTOR）。BIT_VECTOR 是用双引号括起来的一组位数据，如 " 001100 "、X " 00B10B " 。

（4）字符（CHARACTER）。用单引号将字符括起来，如'A'。字符类型区分大小写，如'B'不同于'b'。

（5）整数（INTEGER）。INTEGER 表示所有正的和负的整数。硬件实现时，利用 32 位的位矢量来表示。可实现的整数范围为 $-(2^{31}-1) \sim (2^{31}-1)$。VHDL 综合器要求对具体的整数作出范围限定，否则无法综合成硬件电路。例如：

```
SIGNAL s : INTEGER RANGE 0 TO 15;
```

信号 s 的取值范围是 0～15，可用 4 位二进制数表示，因此 s 将被综合成由四条信号线构成的信号。

（6）自然数（NATURAL）和正整数（POSITIVE）。NATURAL 是 INTEGER 的子类型，表示非负整数。POSITIVE 是 INTEGER 的子类型，表示正整数。定义如下：

```
SUBTYPE NATURAL IS INTEGER RANGE 0 TO INTEGER' HIGH;
SUBTYPE POSITIVE IS INTEGER RANGE 1 TO INTEGER' HIGH;
```

（7）实数（REAL）。或称浮点数，取值范围为-1.0E38～+1.0E38。实数类型仅能用于 VHDL 仿真器，一般综合器不支持。

（8）字符串（STRING）。字符串是 CHARACTER 类型的一个非限定数组，用双引号将一串字符括起来。

```
VARIABLE string_var : STRING(1 TO 7);
string_var := "Rosebud";
```

（9）时间（TIME）。由整数和物理单位组成，如 55 ms、20 ns。

（10）错误等级（SEVERITY_LEVEL）。仿真中用来指示系统的工作状态，共有四种：NOTE（注意）、WARNING（警告）、ERROR（出错）和 FAILURE（失败）。

2. IEEE 预定义标准逻辑位与矢量

（1）STD_LOGIC 类型。由 IEEE 库中的 STD_LOGIC_1164 程序包定义，为九值逻辑系统，如下所示：

'U'：未初始化的。　　'X'：强未知的。
'0'：强 0。　　　　　'1'：强 1。
'Z'：高阻态。　　　　'W'：弱未知的。
'L'：弱 0。　　　　　'H'：弱 1。
'-'：忽略。

由 STD_LOGIC 类型代替 BIT 类型可以完成电子系统的精确模拟，并可实现常见的三态总线电路。

（2）STD_LOGIC_VECTOR 类型。由 STD_LOGIC 构成的数组。定义如下：

```
TYPE STD_LOGIC_VECTOR IS ARRAY(NATURAL RANGE<>) OF STD_LOGIC;
```

赋值的原则：相同位宽、相同数据类型。

3. 用户自定义类型

用户自定义类型是 VHDL 的一大特色。可由用户定义的数据类型有：枚举类型；整数和实数类型；数组类型；记录类型；子类型。

用类型定义语句 TYPE 和子类型定义语句 SUBTYPE 实现用户

自定义数据类型。TYPE 语句格式：

TYPE 数据类型名 IS 数据类型定义[OF 基本数据类型]；

例如：

```
TYPE BYTE IS ARRAY(7 DOWNTO 0) OF BIT;
VARIABLE addEND : BYTE;
TYPE week IS (sun,mon,tue,wed,thu,fri,sat);
```

由 SUBTYPE 语句定义的数据类型称为子类型。SUBTYPE 语句格式：

SUBTYPE 子类型名 IS 基本数据类型 约束范围；

例如：

```
SUBTYPE digits IS INTEGER RANGE 0 TO 9;
```

（1）枚举类型

枚举类型是指枚举该类型的所有可能的值。格式：

TYPE 类型名称 IS（枚举文字{，枚举文字}）；

例 3-7：

```
TYPE color IS (blue,green,yellow, red);
TYPE my_logic IS ('0', '1', 'U', 'Z');
VARIABLE hue : color;
SIGNAL sig : my_logic;
hue := blue;
sig <='Z';
```

综合器自动实现枚举类型元素的编码，一般将第一个枚举量（最左边）编码为 0，以后的依次加 1。编码用位矢量表示，位矢量的长度将取所需表达的所有枚举元素的最小值。例如：

```
TYPE color IS (blue,green,yellow,red);
```

编码为：

```
blue=" 00 ";
green=" 01 ";
yellow=" 10 ";
red=" 11 ";
```

（2）整数类型。用户定义的整数类型是标准包中整数类型的子范围。格式：

TYPE 类型名称 IS RANGE 整数范围；

例如：

```
TYPE my_integer IS INTEGER RANGE 0 TO 9;
```

（3）数组类型。

数组：同类型元素的集合。VHDL 的数组类型分为限定数组和非限定数组。

限定数组：其索引范围有一定的限制。格式：

TYPE 数组名 IS ARRAY（数组范围）OF 数据类型；

例如：

```
TYPE byte IS ARRAY (7 DOWNTO 0) OF BIT;
```

非限定数组：数组索引范围被定义成一个类型范围。格式：

TYPE 数组名 IS ARRAY（类型名称 RANGE <>）OF 数据类型

例如：

```
TYPE bit_vector IS ARRAY (INTEGER RANGE <>) OF BIT;
VARIABLE my_vector:bit_vector (5 DOWNTO -5);
```

此外，VHDL 支持多维数组。多维数组的声明如下：

```
TYPE byte IS ARRAY (7 DOWNTO 0) OF BIT;
TYPE vector IS ARRAY (3 DOWNTO 0) OF byte;
```

（4）记录类型。记录是不同类型的名称域的集合。格式如下：

```
TYPE 记录类型名 IS RECORD
    元素名：数据类型名；
    元素名：数据类型名；
       …
END   RECORD;
```

例 3-8：
```
CONSTANT len:INTEGER:= 8;
SUBTYPE byte_vec IS BIT_VECTOR (len-1 DOWNTO 0);
TYPE byte_AND_ix IS RECORD
      byte : byte_vec;
        ix : INTEGER RANGE 0 TO len;
END RECORD;
SIGNAL x, y, z : byte_AND_ix;
SIGNAL data : byte_vec;
SIGNAL num : INTEGER;
x.byte <= "11110000";
x.ix <= 2;
data <= y.byte;
num <= y.ix;
z <= x;
```

（5）子类型。子类型是已定义的类型或子类型的一个子集。格式：

SUBTYPE 子类型名 IS 数据类型名[范围];

例如：BIT_VECTOR 类型定义如下：

TYPE bit_vector IS ARRAY (NATURAL RANGE <>) OF BIT;

如设计中只用 16bit，可定义子类型如下：

SUBTYPE my_vector IS BIT_VECTOR(0 TO 15);

子类型与基（父）类型具有相同的操作符和子程序，可以直接进行赋值操作。

4．数据类型的转换

在 VHDL 程序中，由于 VHDL 是一种强类型语言，不同类型的对象之间不能赋值，因此要进行类型转换。类型转换的方法有两种，即类型标记法和类型函数法。

（1）类型标记法。用类型名称来实现关系密切的标量类型之间的转换。使用类型标记（即类型名）实现类型转换时，可采用赋值语句的方法：

例 3-9：
```
VARIABLE x:INTEGER;
VARIABLE y:REAL;
x :=INTEGER(y);
y :=REAL(x);
```

（2）类型函数法。VHDL 的 IEEE 库的程序包中提供了多种转换函数，使得某些类型的数据之间可以相互转换，以实现正确的赋值操作。常用的类型转换函数如表 3-2-1 所示。

表 3-2-1　常用的类型转换函数

程序包	函数	说明
STD_LOGIC_1164 程序包 其中 S 为待转换数据	TO_STDLOGIC (S)	将 BIT 类型转换成 STD_LOGIC 类型
	TO_STDLOGICVECTOR (S)	将 BIT_VECTOR 类型转换成 STD_LOGIC_VECTOR 类型
	TO_BIT (S)	将 STD_LOGIC 类型转换成 BIT 类型
	TO_BITVECTOR (S)	将 STD_LOGIC_VECTOR 类型转换成 BIT_VECTOR 类型
STD_LOGIC_ARITH 程序包 其中 S 为待转换数据	CONV_STD_LOGIC_VECTOR (S,位长)	将 INTEGER、UNSIGNED 或 SIGNED 类型转换成 STD_LOGIC_VECTOR 类型
	CONV_INTEGER (S)	将 UNSIGNED、SIGNED 类型转换成 INTEGER 类型
STD_LOGIC_UNSIGNED 程序包 其中 S 为待转换数据	CONV_INTEGER (S)	将 STD_LOGIC_VECTOR 类型转换成 INTEGER 类型

注意事项：引用时必须首先声明使用库和相应的程序包。

3.2.3 VHDL 的数据对象

VHDL 的数据对象分为 4 类：常数（CONSTANT）、信号（SIGNAL）、变量（VARIABLE）和文件（FILES），前 3 种属于可综合的数据对象，文件仅在行为仿真时使用，所以本书只介绍常数、信号和变量。

1. 常数（CONSTANT）

常数是一个固定的值，主要是为了使设计实体中的常量更容易阅读和修改。常数一旦被赋值就不能再改变。一般格式：

CONSTANT 常数名：数据类型：= 表达式；

例如：
  CONSTANT　fbus: BIT_VECTOR:= " 01011001 " ;
  CONSTANT　dely: TIME: =25 ns;

应注意的是常数所赋的值应与定义的数据类型一致。常数的使用范围取决于它被定义的位置，它有以下几个问题需要注意：

（1）程序包中定义的常量具有最大的全局化特性，可以用在调用此程序包的所有设计实体中；

（2）设计实体中定义的常量，其有效范围为这个实体定义的所有的结构体；

（3）设计实体中某一结构体中定义的常量只能用于此结构体；

（4）结构体中某一单元定义的常量，如一个进程中，这个常量只能用在这一进程中。

2. 信号（SIGNAL）

信号是描述硬件系统的基本数据对象，它类似于连接线。它除了没有数据流动方向说明以外，其他性质与实体的端口（Port）概念一致。信号的使用和定义范围是实体、结构体和程序包。一般格式：

SIGNAL 信号名：数据类型 约束条件：= 初始值；

其中信号初始值的设置不是必需的，而且初始值仅在 VHDL 的行为仿真中有效。

例如：
  SIGNAL temp:STD_LOGIC:= '0';
  SIGNAL　flaga, flagb:BIT;
  SIGNAL　date:STD_LOGIC_VECTOR (15 DOWNTO 0);

在程序中信号值的赋值采用"<="，信号赋值的完成需要一定时间，而且信号在赋值时可以附加延时。

例如：
  X<=Y AFTER 10 ns;

它有两个非常显著的特点：

（1）信号是一个全局量，它可以用来进行进程之间的通信。

（2）信号作为一种数值容器，不但可以容纳当前值，也可以保持历史值，与触发器的记忆功能有很好的对应关系。

3. 变量（VARIABLE）

变量是一个局部变量，它只能在进程语句、函数语句和过程语句结构中使用，用作局部数据存储。变量常用在实现某种算法的赋值语句中。一般格式：

VARIABLE　变量名：数据类型　约束条件：= 表达式；

例如：
  VARIABLE x, y: INTEGER;
  VARIABLE count:INTEGER RANGE 0 TO 255:=10;

变量赋值语句的语法格式为：

目标变量：=表达式；

例如：

　x:=100.0;
　y:=1.5+x;

在这里要注意以下几个问题：

（1）赋值语句右方的表达式必须是一个与目标变量有相同数据类型的数值。

（2）变量不能用于硬件连线和存储元件。

（3）变量的适用范围仅限于定义了变量的进程或子程序中。

（4）若将变量用于进程之外，必须将该值赋给一个相同的类型的信号，即进程之间传递数据靠的是信号。

4．信号与变量的区别

变量与信号之间，由于综合器不理会延时，因此从综合以后对应的硬件结构看，在许多情况下两者并没有多少区别，它们都具有能够接受赋值这一重要共性。变量与信号之间的主要区别在于：

（1）赋值符不同，信号采用的赋值符为"<="，而变量采用的赋值符是":="；

（2）声明的形式与位置不同，信号在实体、结构体和程序包中声明，变量在进程语句、函数和过程中声明；

（3）赋值完成的时间不同，信号在进程结束时赋值完成，变量赋值立即完成，没有延时；

（4）作用域不同，信号可以作为模块间的信息载体，而变量只能作为局部的信息载体。

3.2.4　VHDL 的运算操作符

在 VHDL 中共有六类基本操作符，分别是赋值操作符、算术操作符、关系操作符、逻辑操作符、并置操作符和关联操作符。被操作符所操作的对象称为操作数，操作数的类型必须和操作符所要求的类型相一致才能正确进行运算。所有操作符如表 3-2-2 所示。

表 3-2-2　VHDL 操作符列表

类　型	操作符	功　能	操作数数据类型
赋值操作符	<=	信号的赋值	任何数据类型
	:=	变量的赋值，信号、变量或常数的初值赋值	任何数据类型
	=>	给数组中的某些位赋值	一维数组
算术操作符	+	正	整数、实数、物理量
	-	负	整数、实数、物理量
	+	加	整数、实数、物理量
	-	减	整数、实数、物理量
	*	乘	整数、实数、物理量
	/	除	整数、实数、物理量
	MOD	取模	整数
	REM	取余	整数
	**	乘方	整数
	ABS	取绝对值	整数
关系操作符	=	等于	任何数据类型
	/=	不等于	任何数据类型
	<	小于	枚举与整数类型，及对应的一维数组
	>	大于	枚举与整数类型，及对应的一维数组

续表

类 型	操作符	功 能	操作数数据类型
关系操作符	<=	小于等于	枚举与整数类型，及对应的一维数组
	>=	大于等于	枚举与整数类型，及对应的一维数组
逻辑操作符	AND	与	BIT, BOOLEAN, STD_LOGIC
	OR	或	BIT, BOOLEAN, STD_LOGIC
	NAND	与非	BIT, BOOLEAN, STD_LOGIC
	NOR	或非	BIT, BOOLEAN, STD_LOGIC
	XOR	异或	BIT, BOOLEAN, STD_LOGIC
	XNOR	同或	BIT, BOOLEAN, STD_LOGIC
	NOT	非	BIT, BOOLEAN, STD_LOGIC
	SLL	逻辑左移	BIT 或布尔型一维数组
	SRL	逻辑右移	BIT 或布尔型一维数组
	SLA	算术左移	BIT 或布尔型一维数组
	SRA	算术右移	BIT 或布尔型一维数组
	ROL	逻辑循环左移	BIT 或布尔型一维数组
	ROR	逻辑循环右移	BIT 或布尔型一维数组
并置操作符	&	并置	一维数组
关联操作符	=>	例化元件时用于元件映射	

除此之外还有一种特殊的操作符——重载运算操作符，这是一种对基本操作符做了重新定义的函数型操作符，主要用于不同数据类型之间的运算。这六类基本操作符有优先级的区别，由高到低的顺序如表 3-2-3 所示。

表 3-2-3 VHDL 操作符优先级

运 算 符	优 先 级
NOT, ABS, **	高 ↑
*, /, MOD, REM	
+（正号），-（负号）	
+, -, &	
SLL, SLA, SRL, SRA, ROL, ROR	
=, /=, <, <=, >, >=	
AND, OR, NAND, NOR, XOR, XNOR	
赋值操作符<=, :=, =>	低

1. 赋值操作符

赋值操作符主要用来给信号、变量和常量赋值。共有 3 种，分别是<=（用于信号的再赋值）、:=（用于变量的再赋值或者用于信号、变量或常量的初始赋值）、=>（用于一维数组中某些位的赋值）。

例 3-10：

```
SIGNAL x: STD_LOGIC:= '0';
VARIBALE y: STD_LOGIC_VECTOR (3 DOWNTO 0);
SIGNAL w: STD_LOGIC_VECTOR (0 TO 7);
x<= '1';
y:= " 0000 " ;
w<= " 10000000 " ;
w<= (0=>'1',OTHERS=>'0');     --0位赋1, 其他位赋0
```

2. 算术运算操作符

在 VHDL 中算术运算操作符共有 10 种，它们分别是：+（正<一元运算>），-（负<一元运算>），+（加），-（减），*（乘），/（除），MOD（求模），REM（取余），**（指数），ABS（取绝对值）。

EDA 技术及实验教程

在算术运算中,对于两元运算操作符加、减、乘、除,参加运算的左右操作数类型必须相同。求模和取余的操作数必须同是整数类型。指数运算符的左操作数可以是任意整数或实数,右操作数则应为一整数,而且只有在左操作数是实数时,右操作数才可以是负整数。实际上能够被综合器综合的算术操作符只有"+"、"-"、"*"这 3 种。

3. 关系运算操作符

在 VHDL 中关系运算操作符共有 6 种,它们分别是:=(等于),/=(不等于),<(小于),<=(小于等于),>(大于),>=(大于等于)。

对于关系操作符的左右两边操作数,不同的关系运算符对数据类型有不同的要求。其中等号"="和不等号"/="可以适用所有类型的数据。其他关系运算符则可以用于整数(INTEGER)、实数(REAL)、位(BIT)等枚举类型以及位矢量(BIT_VECTOR)等数组类型的关系运算。在进行关系运算时,左右两边操作数的数据类型必须相同,但是位长度可以不相同。在利用关系运算符对位矢量数据进行比较时,比较过程是从最左边的位开始,自左至右按位进行比较的。所以,在关系比较时"11"会大于"100"。

4. 逻辑运算操作符

逻辑运算操作符是对 STD_LOGIC、BIT 逻辑型数据和 STD_LOGIC_VECTOR、STD_BIT 逻辑型数组以及布尔型数据进行逻辑运算的操作符,共有 6 种,分别是 NOT(取反)、AND(与)、OR(或)、NAND(与非)、NOR(或非)、XOR(异或)。在进行逻辑运算时,运算符的左边和右边,以及赋值信号的数据类型必须一致。当一个语句中存在两个以上的逻辑运算符时,由于 VHDL 运算符没有结合性,此时必须加上小括号以确定运算顺序。例如:

x<= (a AND b) OR (NOT c AND d);

上式中的小括号不能省略,不然运算将会出现错误的结果。但是当在同一个逻辑表达式中只有 AND、OR、XOR 运算符这 3 者中的一种时,改变运算顺序不会导致结果的改变,则小括号可以省略。例如:

a<=b AND c AND d AND e;
a<=b OR c OR d OR e;
a<=b XOR c XOR d XOR e;

5. 并置操作符

VHDL 提供了一种并置操作符&,用来进行位和位矢量的连接运算。所谓位和位矢量的连接运算,是指将并置操作符右边的内容接在左边的内容之后,以形成一个新的位矢量。通常采用并置操作符进行连接的方式很多,既可以将两个位连接起来形成一个位矢量,也可以将两个位矢量连接起来以形成一个新的位矢量,还可以将位矢量和位连接起来形成一个新的矢量。

例 3-11:

SIGNAL a,b:std_logic;
SIGNAL c: std_logic_vector (1 DOWNTO 0);
SIGNAL d,e: std_logic_vector (3 DOWNTO 0);
SIGNAL f: std_logic_vector (4 DOWNTO 0);
c<=a&b;   --两个位连接
f<=a&d;   --位和一个位矢量连接

6. 关联操作符

关联操作符=>是例化语句中用于元件例化的元件连接符,没有信号流动方向的意义。其左边放置内部元件的端口名，右边放置内部元件以外需要连接的端口名或信号名。

3.3 VHDL 的基本语句

用 VHDL 进行设计时，按描述语句的执行顺序进行分类，可将 VHDL 语句分为顺序执行语句（Sequential）和并行执行语句（Parallel）。

3.3.1 顺序语句

顺序语句是指完全按照程序中的书写顺序逐条执行的语句，并且在结构层次中前面语句的执行结果会直接影响后面各语句的执行结果。顺序描述语句只能出现在进程或子程序中，用来描述进程或子程序的算法。顺序语句可以用来进行算术运算、逻辑运算、信号和变量的赋值、子程序调用等，还可以进行条件控制和迭代。

但要注意的是，这里的顺序是从仿真软件的运行和顺应 VHDL 语法的编程逻辑思路而言的，其相应的硬件逻辑工作方式未必如此。应该注意区分 VHDL 的软件行为与描述综合后的硬件行为的差异。

1. 顺序赋值语句

顺序赋值语句分为变量赋值语句和信号赋值语句。
变量赋值语句语法格式为：变量赋值目标 := 赋值表达式；
例 3-12：

```
PROCESS (s)
    VARIABLE count:BIT:= '0';           --变量声明
    BEGIN
        count:= s+1;                    --变量赋值
END PROCESS;
```

信号赋值语句的规范书写格式如下：
信号赋值目标 <=信号变量表达式；
例 3-13：

```
SIGNAL count:BIT:= '0';           --信号声明
PROCESS (s)
    BEGIN
        count<= s+1;              --信号赋值
END PROCESS;
```

2. WAIT 语句

WAIT 语句在进程中起到与敏感信号一样重要的作用，敏感信号触发进程的执行，WAIT 语句同步进程的执行，同步条件由 WAIT 语句指明。进程在仿真运行中处于执行或挂起两种状态之一。当进程执行到等待语句时，就将被挂起并设置好再次执行的条件。WAIT 语句可以设置 4 种不同的条件：无限等待、时间到、条件满足，以及敏感信号量变化。这几类 WAIT 语句可以混合使用。

（1）WAIT（无限等待语句）

这种形式的 WAIT 语句在关键字"WAIT"后面不带任何信息，是无限等待的情况。

（2）WAIT ON 信号表（敏感信号等待语句）

这种形式的 WAIT 语句使进程暂停，直到敏感信号表中某个信号值发生变化。WAIT ON 语句后面跟着的信号表和在 PROCESS 敏感信号表中列出的敏感信号具有相同的作用。当进程处于等待状态时，其中的信号发生任何变化都将结束挂起，再次启动进程。

例 3-14：

```
PROCESS
```

```
BEGIN
    y <= a AND b;
    WAIT ON a,b;          --a,b为敏感信号，由WAIT ON列出
END PROCESS;


    PROCESS (a,b)         --a,b为敏感信号，由PROCESS列出
    BEGIN
    y <= a AND b;
END PROCESS;
```

例 3-14 中的两个进程语句等价。需要注意的是，在使用 WAIT ON 语句的进程中，敏感信号应写在进程中的 WAIT ON 语句后面，而在不使用 WAIT ON 语句的进程中，敏感信号应在关键词 PROCESS 后面的敏感信号表中列出。VHDL 规定，已列出敏感信号表的进程不能使用任何形式的 WAIT 语句。

（3）WAIT UNTIL 条件表达式（条件等待语句）

这种形式的 WAIT 语句使进程暂停，直到预期的条件为真。WAIT UNTIL 后面跟的是布尔表达式，在布尔表达式中隐式地建立一个敏感信号量表，当表中任何一个信号量发生变化时，就立即对表达式进行一次测评。如果其结果使表达式返回一个"真"值，则进程脱离挂起状态，继续执行下面的语句，例如：

```
WAIT UNTIL clock = " 1 " ;
WAIT UNTIL rising_edge (clk);
WAIT UNTIL clk ='1'AND clk' EVENT;
WAIT UNTIL NOT clk' STABLE AND clk= " 1 " ;
```

一般在一个进程中使用了 WAIT UNTIL 语句后，综合器会综合产生一个时序逻辑电路。时序逻辑电路的运行依赖 WAIT UNTIL 表达式的条件，同时该电路还具有数据存储的功能。

（4）WAIT FOR 时间表达式（超时等待语句）

例如：

```
WAIT FOR 40 ns;
```

在该语句中，时间表达式为常数 40ns，当进程执行到该语句时，将等待 40ns，经过 40ns 之后，进程执行 WAIT FOR 的后继语句。

以上 4 个 WAIT 语句只有 WAIT UNTIL 能被综合器综合，也就是说只有 WAIT UNTIL 语句能生成逻辑电路，其他 3 个 WAIT 语句只能被仿真器仿真。

3．IF 语句

在 VHDL 中，IF 语句的作用是根据指定的条件来确定语句的执行顺序。IF 语句可用于选择器、比较器、编码器、译码器、状态机等电路的设计，是 VHDL 中最常用的语句之一。IF 语句按其书写格式可分为以下 3 种。

（1）单分支选择结构

语句书写格式为：

```
IF  条件  THEN
    顺序语句
END IF;
```

当程序执行到这种 IF 语句时，首先判断语句中所指定的条件是否成立。如果条件成立，则程序继续执行 IF 语句中所含的顺序描述语句；如果条件不成立，程序将跳过 IF 语句所包含的顺序描述语句，向下执行 IF 语句的后继语句。 这种单分支的 IF 语句非常适合生成具有记忆功能的时序电路，如触发器、锁存器等。

例 3-15：

```
PROCESS (clk)         --D触发器
BEGIN
    IF (clk' EVENT AND clk= '1') THEN
```

```
        q <= d;
      END IF;
    END PROCESS;
```

（2）双分支选择结构

语句的书写格式为：

```
IF  条件   THEN
    顺序语句
ELSE
    顺序语句
END IF;
```

当 IF 条件成立时，程序执行 THEN 和 ELSE 之间的顺序语句部分；当 IF 语句的条件不满足时，程序执行 ELSE 和 END IF 之间的顺序语句部分。即依据 IF 所指定的条件是否满足，程序可以进行两条不同的执行路径。双分支的 IF 语句没有记忆存储功能，则较适合生成组合电路

例 3-16：

```
    PROCESS (a,b,s)      --2选1数据选择器
      BEGIN
        IF (s = '1') THEN
          c <= a;
        ELSE
          c <= b;
        END IF;
    END PROCESS;
```

（3）多分支选择结构

语句的书写格式为：

```
IF  条件  THEN
    顺序语句
ELSIF
    顺序语句
ELSIF
    顺序语句
    ⋮
ELSE
    顺序语句
END IF;
```

这种多分支的 IF 语句，实际上就是 IF 语句的嵌套。它设置了多个条件，当满足所设置的多个条件之一时，就执行该条件后的顺序描述语句。当所有设置的条件都不满足时，程序执行 ELSE 和 END IF 之间的顺序描述语句。

例 3-17：

```
    PROCESS (input,sel)    --4选1数据选择器
      BEGIN
        IF (sel=" 00 " ) THEN
          y<= input(0);
        ELSIF (sel=" 01 " )THEN
          y<= input(1);
        ELSIF (sel=" 10 " )THEN
          y<= input (2);
        ELSE
          y<= input (3);
        END IF;
    END PROCESS;
```

4．CASE 语句

CASE 语句根据满足的条件直接选择多项顺序语句中的一项执行，它常用来描述总线行为、编码器、译码器等的结构。CASE 语句的结构为：

```
CASE 表达式 IS
    WHEN 条件选择值 => 顺序语句；
                ︙
    WHEN 条件选择值 => 顺序语句；
    [WHEN OTHERS => 顺序语句；]
END CASE；
```

WHEN 条件选择值有 3 种格式，分别为：

（1）单个普通数值，如 WHEN 0 => 顺序语句；

（2）并列数值，如 WHEN 1/5/9 => 顺序语句；

（3）数值选择范围，如 WHEN 0 TO 8=> 顺序语句；

当执行到 CASE 语句时，首先计算 CASE 后面表达式的值，然后选择条件语句中与之相同的值执行对应的顺序语句，最后结束 CASE 语句。与 IF 语句相比，CASE 语句的程序执行是没有先后顺序的，所有表达式的值都并行处理，没有逐条判断的过程。IF 语句则是有序的，先处理最起始的高优先条件，后处理次优先的条件。

使用 CASE 语句需注意以下几点：

（1）CASE 语句中每一条语句的选择值只能出现一次，即不能有相同选择值的条件语句出现。

（2）CASE 语句执行时条件语句必须被选中，且只能选中所列条件语句中的一条，即 CASE 语句至少包含一个条件语句。

（3）CASE 语句中的条件值必须穷举，除非所有条件语句中的选择值能完全覆盖 CASE 语句中表达式的取值，否则最末一个条件语句中的选择必须用 WHEN OTHERS。它表示已给出的所有条件语句中未能列出的其他可能值。关键词 OTHERS 只能出现一次，且只能作为最后一个条件语句。使用 OTHERS 是为了使条件语句中的所有选择值能覆盖表达式的所有取值，以免综合过程中插入不必要的锁存器。这一点对于定义为 STD_LOGIC 和 STD_LOGIC_VECTOR 数据类型的值尤为重要，因为这些数据对象的值除了 1、0 之外，还可能出现高阻态 Z、不定态 X 等值。

例 3-18：
```
PROCESS (input,sel)                    -- 4选1数据选择器
    CASE sel IS
        WHEN "00" => y <= input (0);
        WHEN "01" => y <= input (1);
        WHEN "10" => y <= input (2);
        WHEN "11" => y <= input (3);
        WHEN OTHERS => NULL;           --不操作
    END CASE；
END PROCESS；
```

5. LOOP 语句

LOOP 语句就是 VHDL 的循环语句，它可以使包含的一组顺序语句被循环执行，其执行的次数受迭代算法控制。在 VHDL 中常用来描述迭代电路的行为。它有 3 种格式，分别是：

（1）单个 LOOP 语句。单个 LOOP 语句的语法格式如下：
```
[标号：] LOOP
    顺序语句
END LOOP[标号]；
```

这种循环语句需引入其他控制语句（如 EXIT）后才能确定循环次数，否则为无限循环，所以电路的生成个数难以控制，一般不采用。

（2）FOR_LOOP 语句。FOR_LOOP 语句语法格式为：
```
[标号：] FOR 循环变量 IN 离散范围 LOOP
    顺序处理语句
END LOOP[标号]；
```

其中，循环变量是整数变量，不用预先声明，该变量只在

FOR_LOOP 语句中有效。

例 3-19：
```
    PROCESS (a)              --8位奇偶校验器
        VARIABLE tmp：STD_LOGIC;
    BEGIN
        tmp:= '0';
        FOR i IN 0 TO 7 LOOP
            tmp:= tmp XOR a (i);
        END LOOP;
        y <= tmp;            --y=1, a为奇数个'1'; y=0, a为偶数个'1'
    END PROCESS;
```

（3）WHILE_LOOP 语句。WHILE_LOOP 语句的语法格式为：
```
    [标号：] WHILE 条件 LOOP
        顺序语句
    END LOOP[标号];
```

在该 LOOP 语句中，没有给出循环次数的范围，而是给出了循环执行顺序语句的条件。循环变量需要预先声明，没有自动递增循环变量的功能，需要在顺序语句中增加一条循环次数计算语句用于循环语句的控制。循环控制条件为布尔表达式，当条件为真时，则进行循环，如果条件为假，则结束循环。

例 3-20：
```
    PROCESS (a)              --8位奇偶校验器
        VARIABLE tmp：STD_LOGIC;
        VARIABLE i：INTEGER;
    BEGIN
        tmp:= '0';
        i:= 0;
    WHILE (i < 8)LOOP
        tmp := tmp XOR a (i);
        i:= i+1;             --循环次数计算语句
    END LOOP;
    y <= tmp;
    END PROCESS;
```

6. NEXT 语句

NEXT 语句的语法格式为：

NEXT[标号][WHEN 条件];

该语句主要用于 LOOP 语句内部的循环控制，当条件满足时语句执行将结束当前的本次循环，跳到下一次循环，从 LOOP 起始开始继续执行。当 NEXT 语句后不跟[标号]，NEXT 语句作用于当前层次的循环。若 NEXT 语句不跟[WHEN 条件]，NEXT 语句立即无条件跳到下一次循环。

例 3-21：
```
    WHILE i<10 LOOP
        i:= i+1;
        NEXT WHEN i=3;       --条件成立，跳到下一次循环
        data:= data+i;
    END LOOP;
```

7. EXIT 语句

EXIT 语句的书写格式为：

EXIT[LOOP 标号][WHEN 条件];

EXIT 语句也是用于 LOOP 内部的循环控制，与 NEXT 语句不同的是 EXIT 语句跳向 LOOP 终点，结束 LOOP 语句。而 NEXT 语句是跳向 LOOP 语句的起始点，结束本次循环，开始下一次循环。当 EXIT 语句中含有标号时，表明跳到标号处继续执行。含[WHEN 条件]时，如果条件为真，直接跳出 LOOP 语句，如果条件为假，则

继续执行 LOOP 循环。

例 3-22:
```
WHILE i<10 LOOP
    I:= i+1;
    EXIT WHEN i=3;              --条件成立，直接结束LOOP循环
    Data:= data+i;
END LOOP;
```

8. RETURN 语句

RETURN 语句在一段子程序结束后，返回主程序的控制语句。它只能用于函数与过程体内，并用来结束当前最内层函数或过程体的执行。它的语法格式有如下两种。

（1）过程体内：
RETURN；
（2）函数体内：
RETURN 表达式；

9. NULL 语句

NULL 语句是空操作语句，不完成任何操作，执行 NULL 语句只是让程序运行流程走到下一个语句。NULL 语句的语法格式为：
```
NULL;
```
NULL 语句常用于 CASE 语句中，利用 NULL 来表示所余的其他条件下的程序不操作，以满足 CASE 语句对条件值穷举的要求，如例 3-18 所示。

3.3.2 并行语句

在 VHDL 中，并行语句是指在结构体中同时并发执行的语句，其执行顺序与书写次序无关，并行语句的执行是由它们的触发事件来决定的。实际上硬件系统的运行都是并发的，因此在对系统进行模拟时并行语句能够很好地用来表示这种并发行为的。在结构体中，结构体功能描述语句都是并行语句。

1. 并行信号赋值语句

信号赋值语句有两种：一种是在结构体中的进程内使用，此时它作为一种顺序语句出现；另一种是在结构体的进程之外使用，此时它是一种并行语句，因此称为并行信号赋值语句。并行信号赋值语句与信号赋值的进程语句是等价的，可以把一条并行信号赋值语句改写成一个信号赋值的进程语句，它的敏感信号表就是赋值符号右边表达式中的信号量。在 VHDL 中提供了 3 种并行信号赋值语句，分别是简单信号赋值语句、条件信号赋值语句和选择信号赋值语句。

（1）简单信号赋值语句。简单信号赋值语句是靠事件驱动的，对于该语句来说，只有赋值符号"<="右边的敏感信号发生改变时才会执行该语句。简单信号赋值语句的语法格式为：
```
赋值目标 <=  敏感信号量表达式；
```
例 3-23:
```
ARCHITECTURE behave OF ANDgate IS
BEGIN
    y <= a AND b;          --简单信号赋值语句
END behave;
```
（2）条件信号赋值语句。条件信号赋值语句是一种根据不同条件将不同的表达式赋给目标信号的赋值语句。条件信号赋值语句的语法格式为：
```
赋值目标 <= 表达式1  WHEN  条件1  ELSE
```

表达式2　WHEN　条件2　ELSE
　　　　　　　︙
表达式n-1 WHEN　条件n-1 ELSE
表达式n;

条件信号赋值语句执行时要先进行条件判断，如果条件满足，就将条件前面的那个表达式的值赋给目标信号；如果不满足条件，就去判断下一个条件；最后一个表达式没有条件，也就是说在前面的条件都不满足时，就将该表达式的值赋给目标信号。它和进程语句中的 IF_ELSEIF_ELSE 等价，可以相互转换。

例 3-24：
```
ARCHITECTURE behave OF mux41 IS     --4选1数据选择器
    SIGNAL sel:BIT_VECTOR (1 DOWNTO 0);
BEGIN
    sel <= s1 & s0;                          --并置
    y <= intput (0) WHEN sel=" 00 " ELSE
         intput (1) WHEN sel=" 01 " ELSE
         intput (2) WHEN sel=" 10 " ELSE
         intput (3);
END behave;
```

（3）选择信号赋值语句。选择信号赋值语句是一种与 case 语句相类似的并行赋值语句，通过对表达式进行测试，当表达式的值不同时，将把不同的表达式赋给赋值目标。选择信号代入语句的书写格式为：

WITH　表达式　SELECT
赋值目标 <=　表达式1　WHEN　条件1,
　　　　　　　表达式2　WHEN　条件2,
　　　　　　　　　　︙
　　　　　　　表达式n　WHEN　条件n;

VHDL 在执行选择信号赋值语句时，赋值目标根据表达式的当前值来选择符合条件的表达式。当表达式的值符合该项条件时，就把该条件前的表达式赋给目标信号；当表达式的值不符合条件时，语句就继续向下判断，直到找到满足的条件为止。需要注意的是，选择信号赋值语句与 case 语句一样，必须把表达式的值在条件中穷举，否则编译将会出错。

例 3-25：
```
ARCHITECTURE behave OF mux41 IS
    SIGNAL sel:BIT_VECTOR (1 DOWNTO 0);
BEGIN
    sel <= s1 & s0;
    WITH sel SELECT                          --用sel进行选择
        q <=intput(0) WHEN    " 00 " ,
            intput(1) WHEN    " 01 " ,
            intput(2) WHEN    " 10 " ,
            intput(3) WHEN    OTHERS;
            --当条件不能全部列出时必须使用OTHERS语句
END behave;
```

2. 进程语句（PROCESS）

进程语句是最主要的并行语句，它在 VHDL 程序设计中使用频率最高，也是最能体现硬件描述语言特点的一条语句。进程语句的内部是顺序语句，而进程语句本身是一种并行语句。一个结构体内可以有多个进程，进程的启动需要敏感信号的变化。所以进程语句结构中至少需要一个敏感信号，否则除了初始化阶段，进程永远不会被再次激活。这个信号一般是一个同步控制信号，同步控制信号用在同步语句中，同步语句可以是敏感信号表、WAIT UNTIL 语句或是 WAIT ON 语句。

进程语句的综合是比较复杂的，主要涉及这样一些问题：综合后的进程是用组合逻辑电路还是用时序逻辑电路来实现？进程中的对象是否有必要用寄存器、触发器、锁存器或是 RAM 等存储器件来实现。进程语句的语法格式为：

```
[进程标号：]PROCESS[(敏感信号表)]
[进程说明部分];
BEGIN
[顺序语句];
END PROCESS[进程标号];
```

由于前面已有较多例子，因此不再举例说明了。

3. 块语句（BLOCK）

块语句（BLOCK）的功能是将结构体中若干个并行描述语句组合在一起形成一个子模块，用来改善并行语句及其结构的可读性，或利用 BLOCK 的保护表达式关闭某些信号。块语句的语法格式结构如下：

```
[块标号：] BLOCK [保护表达式]
[块说明部分]
BEGIN
[并行语句];
END BLOCK [块标号];
```

块的应用类似于利用 Protel 绘制原理图时，将一个总的原理图分成几个子模块，总原理图成为一个由多个子模块原理图连接而成的顶层模块图，而子模块原理图可再分成几个子模块（BLOCK 嵌套）。

例 3-26：
```
ARCHITECTURE behave OF hfadder IS
  BEGIN
    h_adder:BLOCK          --半加器
      BEGIN
        PROCESS (ain,bin)
          BEGIN
            sum<=ain XOR bin;
            carry<=ain AND bin;
          END PROCESS;
    END BLOCK h_adder;
END behave;
```

例 3-27：
```
ARCHITECTURE behave OF dblock IS
            --带保护的BLOCK语句设计D触发器
  BEGIN
    d_block:BLOCK (clk  'EVENT AND clk='1')
      BEGIN
        q <= d;
        nq <= NOT d;
    END d_block;
END behave;
```

4．参数传递语句

参数传递语句（GENERIC）主要用来传递信息给设计实体的某个具体元件，如用来定义端口宽度、器件延迟时间等参数后并将这些参数传递给设计实体。使用参数传递语句易于使设计具有通用性，例如，在设计中有一些参数不能确定，为了简化设计和减少 VHDL 程序的书写，我们通常编写通用的 VHDL 程序。在设计程序中，这些参数是待定的，在模拟时，只要用 GENERIC 语句将待定参数初始化即可。参数传递语句的语法格式为：

```
GENERIC (类属表);
```

例 3-28：

```
LIBRARY IEEE;
USE IEEE.STD_LOGIC_1164.ALL;
ENTITY AND2 IS
GENERIC (DELAY:TIME:=10ns);
PORT (a:IN STD_LOGIC;
      B:IN STD_LOGIC;
      c:OUT STD_LOGIC);
END AND2;
ARCHITECTURE behave OF AND2 IS
  BEGIN
      c <= a AND b AFTER (DELAY);
END behave;
```

5．元件例化语句

元件例化就是将预先设计好的设计实体定义为一个元件，然后利用映射语句将此元件与当前设计实体中的指定端口相连，从而为当前设计实体引入了一个低一级的设计层次。当引用库中不存在所需元件时，必须首先进行元件的创建，然后将其放在工作库中，通过调用工作库来引用元件。在引用元件时，要先在结构体中说明部分进行元件的声明，然后在使用元件时进行元件例化。

元件例化语句是一种并行语句，各个例化语句的执行顺序与例化语句的书写顺序无关，而是按照驱动的事件并行执行的。

元件声明部分使用 COMPONENT 语句，用来声明在结构体中所要调用的模块。如果所调用的模块在元件库中并不存在时，设计人员必须首先进行元件的创建，然后将其放在工作库中并通过调用工作库来引用该元件。COMPONENT 语句的语法格式如下：

```
COMPONENT 引用元件名 [IS]
   [GENERIC (类属表);]
   PORT (端口说明);
END COMPONENT;
```

在上面的结构中，关键字 COMPONENT 后面的"引用元件名"用来指定要在结构体中例化的元件，该元件必须已经存在于调用的工作库中。如果在结构体中要进行参数传递，在 COMPONENT 语句中，就要有传递参数的说明。传递参数的说明语句以关键字 GENERIC 开始，然后是端口说明，用来对引用元件的端口进行说明，最后以关键字 END COMPONENT 来结束 COMPONENT 语句。

如果在结构体中要引用例 3-28 中所定义的带延迟的二输入与门，首先在结构体中要用 COMPONENT 语句对该元件进行声明，声明如下：

```
COMPONENT AND2                --元件名
GENERIC (DELAY: TIME);        --参数说明
       PORT (a:IN STD_LOGIC;
             B:IN STD_LOGIC;
             C:OUT STD_LOGIC);  --端口说明
END COMPONENT;
```

用 COMPONENT 语句对要引用的元件进行声明之后，就可以在结构体中对元件进行例化以使用该元件。元件例化语句的语法格式为：

```
标号名：元件名 [GENERIC MAP (参数映射)]
         PORT MAP (端口映射);
```

标号名是此元件例化的唯一标志，在结构体中标号名应该是唯一的，否则编译时将会给出错误信息。接下来就是映射语句，映射语句就是把元件的参数和端口与实际连接的信号对应起来，以进行元件的引用。VHDL 提供了两种映射方法：位置映射和名称映射。

位置映射就是 PORT MAP 语句中实际信号的书写顺序与

COMPONENT 语句中端口说明中的信号书写顺序保持一致,如下例所示。

例 3-29:
```
LIBRARY IEEE;
USE IEEE.STD_LOGIC_1164.ALL;
ENTITY AND21 IS
    PORT (in1,in2:IN STD_LOGIC;
          Out:OUT STD_LOGIC);
END AND21;
ARCHITECTURE behave OF AND21 IS
    COMPONENT AND2                    --元件声明
    GENERIC (DELAY:TIME);
    PORT (a:IN STD_LOGIC;
          b:IN STD_LOGIC;
          c:OUT STD_LOGIC);
    END COMPONENT;
BEGIN
    U1:AND2 GENERIC MAP (10ns)
            --参数映射标号名U1元件名AND2元件例化
        PORT MAP (in1,in2,out);       --端口位置映射
END behave;
```

在上例中,元件 U1 的端口 a 映射到端口 in1,端口 b 映射到端口 in2,端口 c 映射到端口 out,该种映射有严格的顺序要求,必须一一对应。

名称映射就是在 PORT MAP 语句中将引用的元件端口信号名称用关联操作符"=>"和结构体中的外围元件信号或端口连接起来的一种映射方式,如下例所示。

例 3-30:
```
LIBRARY IEEE;
USE IEEE.STD_LOGIC_1164.ALL;
ENTITY AND21 IS
    PORT (in1,in2:IN STD_LOGIC;
          Out:OUT STD_LOGIC);
END AND21;
ARCHITECTURE behave OF AND21 IS
    COMPONENT AND2
    GENERIC (DELAY:TIME);
    PORT (a:IN STD_LOGIC;
          b:IN STD_LOGIC;
          c:OUT STD_LOGIC);
    END COMPONENT;
BEGIN
    U1:AND2 GENERIC MAP (10ns)
        PORT MAP(a=>in1,b=>in2,c=>out);--端口名称映射
END behave;
```

注意事项:名称映射的书写顺序要求并不是很严格,只要把要映射的对应信号用"=>"连接起来就可以了,顺序是可以颠倒的。

6. 生成语句(GENERATE)

生成语句(GENERATE)是一种可以建立重复结构或者是在多个模块的表示形式之间进行选择的语句。由于生成语句可以用来产生多个相同的结构,因此使用生成语句就可以避免多段相同结构的 VHDL 程序的重复书写(相当于'复制')。生成语句分为两类,分别是循环生成语句和条件生成语句。

循环生成语句的语法格式为:
```
[标号:]FOR 循环变量 IN 离散范围 GENERATE
    并行描述语句;
END GENERATE [标号];
```

其中循环变量的值在每次的循环中都将发生变化。离散范围用来指定循环变量的取值范围，循环变量的取值将从取值范围最左边的值开始并且逐次递增或递减到取值范围最右边的值。循环变量每取一个值就要执行一次 GENERATE 语句体中的并行描述语句。

循环生成语句的典型应用是存储器阵列和多位寄存器设计。下面以四位移位寄存器为例，说明循环生成语句的优点和使用方法。

图 3-3-1 所示电路是由边沿 D 触发器组成的四位移位寄存器，其中第一个触发器的输入端用来接收四位移位寄存器的输入信号，其余的每一个触发器的输入端均与左面一个触发器的 q 端相连。

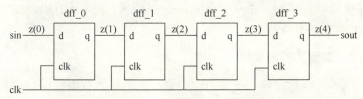

图 3-3-1　四位移位寄存器电路

根据上面的电路原理图，写出四位移位寄存器的 VHDL 描述如下。

例 3-31：
```
    LIBRARY IEEE;                    --D触发器
    USE IEEE.STD_LOGIC_1164.ALL;
    ENTITY dff IS
        PORT (d:IN STD_LOGIC;
              clk:IN STD_LOGIC;
              q:OUT STD_LOGIC);
    END ENTITY dff;
    PROCESS (clk)
        BEGIN
            IF (clk' EVENT AND clk= '1') THEN
                q <= d;
            END IF;
    END PROCESS;

    LIBRARY IEEE;                    --四位移位寄存器
    USE IEEE.STD_LOGIC_1164.ALL;
    ENTITY shIFt_reg IS
        PORT (sin:IN STD_LOGIC;
              clk:IN STD_LOGIC;
              Sout:OUT STD_LOGIC);
    END shIFt_reg;
    ARCHITECTURE structure OF shIFt_reg IS
        COMPONENT dff
            PORT (d:IN STD_LOGIC;
                  clk:IN STD_LOGIC;
                  q:OUT STD_LOGIC);
        END COMPONENT;
        SIGNAL z:STD_LOGIC_VECTOR (4 DOWNTO 0);
    BEGIN
        z(0)<= sin;
        FOR i IN 0 TO 3 GENERATE
            dff_x： dff PORT MAP (z(i),clk,z(i+1));
        END GENERATE;
        sout<=z (4);
    END structure;
```

3.3.3　常用属性描述语句

属性是指关于设计实体、结构体、类型、信号等项目的指定特性。属性提供了描述特定对象的多个侧面值的手段，信号属性在检测信号变化和建立详细的时域模型时非常重要。

属性描述语句的具体作用有：

（1）电路元件需要时钟信号同步；

（2）需要控制信号控制整个电路的行为（进程的执行）；

（3）时钟信号与控制信号的使用多种多样；

（4）利用属性可以使VHDL源代码更加简明扼要，便于理解。

VHDL提供了5类预定义属性，分别是数值类属性、函数类属性、信号类属性、数据类型类属性和数组范围类属性。这里重点介绍几个常用的属性语句。

1. 数值类属性

数值类属性主要用于返回常用数据类型、数组或是块的有关值，如返回数组长度、数据类型的上下界等。常用数据类型的数值类属性：（S为操作数）。

S'left：返回一个数据类型或子类型最左边的值。

S'right：返回一个数据类型或子类型最右边的值。

S'high：返回一个数据类型或子类型的最大值。

S'low：返回一个数据类型或子类型的最小值。

属性规则如下。

① 上下限：对数值取最大、最小值；对枚举类型数据下限取左边界值，上限取右边界值；对数组取数组区间的最大、最小值。

② 左右边界：按书写顺序取左边或右边值。

2. 函数类属性

主要用来得到信号的各种行为功能信息：包括信号值的变化、信号变化后经过的时间、变化前的信号值等。共有5种属性：（S为操作数）。

S'EVENT：当前很短的时间内信号发生了变化，则返回TRUE，否则返回FALSE。

S'ACTIVE：当前信号等于1，则返回TRUE，否则返回FALSE。

S'LAST_EVENT：返回信号从前一个事件发生到现在的时间值。

S'LAST_VALUE：返回信号在最近一个事件发生以前的值。

S'LAST_ACTIVE：返回信号从上一次等于1到现在的时间值。

S'EVENT主要用来检测脉冲信号的正跳变或负跳变边沿，也可以检查信号是否刚发生变化并且正处于某一个电平值，是最常用的信号类属性。例如，clk= '1' AND clk' EVENT 表示上升沿，clk= '0' AND clk'EVENT 表示下降沿等。

3. 数组范围类属性

该属性按指定输入参数可以得到一个确定的数组区间范围。只能用于数组，只有以下两种：

（1）S'RANGE。其中S是输入参数，该属性可以得到一个递减顺序的自然数区间：n DOWNTO 0。

（2）S'REVERSE_RANGE。该属性可以得到一个递增顺序的自然数区间：0 TO n。

3.4 VHDL 的子程序

子程序和进程（PROCESS）一样，采用顺序描述来描述算法。和进程不同的是，子程序不可以直接从结构体的其他部分对信号进行读写操作，所有的通信都必须通过子程序的接口完成。由于可以在结构体的不同部分调用子程序完成重复的计算，因此子程序显得非常的实用。在结构体中定义的子程序对于该结构体来说是局部的，即不能被其他设计层次的结构体调用。如果要在其他结构体中调用同一个子程序，就需要把子程序定义到程序包中。

和元件例化语句不同的是，当子程序被实体或者其他子程序调用时，并不会产生新的设计层次，但是可以通过手工定义的方法增加设计层次。子程序分为两类：过程（PROCEDURE）和函数（FUNCTION）。

3.4.1 过程

过程语句的作用是传递信息，即通过参数进行内外的信息传递。其中参数需说明（信号、变量及常量）类别、类型及传递方向。过程的语法格式为：

过程首：
PROCEDURE 过程名 (参数表)；
过程体：
PROCEDURE 过程名(参数表)IS
　　[说明语句]；
BEGIN
　　顺序处理语句；
END PROCEDURE 过程名；

其中参数声明指明了输入、输出端口的数目和类型。参数声明的语法格式为：

数据对象参数名：端口方向 数据类型

端口方向类型有 in、out、inout 三种。

在 PROCEDURE 结构中，参数可以是输入也可以是输出。在没有特别指定的情况下，"IN"参数的默认对象为常数；而"OUT"和"INOUT"参数的默认对象为"变量"。

在过程语句执行结束后，如没有特别说明，输出和输入参数将按变量的方式将值传递给调用者的变量。如果调用者需要输出和输入作为信号使用，则在过程参数定义时要指明是信号。

例 3-32：

```
LIBRARY IEEE;
USE IEEE.STD_LOGIC_1164.ALL;
PACKAGE    packexp1 IS                --定义程序包
    PROCEDURE    max(SIGNAL a,b:IN STD_LOGIC_VECTOR;
                     SIGNAL y:OUT    STD_LOGIC);
                                      --定义过程首
    END;
PACKAGE    BODY packexp1 IS
    PROCEDURE    (SIGNAL a,b:IN STD_LOGIC_VECTOR;
                  SIGNAL y:OUT    STD_LOGIC) IS
                                      --定义过程体
    BEGIN
        IF a > b THEN y=a;
            ELSE          y=b;
        END IF;
    RETURN;
    END PROCEDURE max;                --结束过程语句
END;                                  --结束程序包体语句

LIBRARY IEEE;                         --过程应用实例
USE IEEE.STD_LOGIC_1164.ALL;
USE WORK.packexp1.ALL;
ENTITY    examp IS
    PORT(dat1,dat2:IN STD_LOGIC_VECTOR(3 DOWNTO 0);
         dat3,dat4:IN STD_LOGIC_VECTOR(3 DOWNTO 0);
         out1,out2:OUT STD_LOGIC_VECTOR(3 DOWNTO 0));
```

EDA 技术及实验教程

```
END;
ARCHITECTURE bhv OF examp IS
    BEGIN
max(dat1,dat2,out1);              --并行过程调用语句
        PROCESS(dat3,dat4)
        BEGIN
            max(dat3,dat4,out2);   --顺序过程调用语句
        END PROCESS;
END;
```

3.4.2 函数

函数语句的作用是输入若干参数,通过函数运算求值,最后直接返回一个值。函数的语法格式:

函数首(一般放在程序包的说明部分):

FUNCTION 函数名 (输入参数表) RETURN 数据类型;

函数体:

```
FUNCTION 函数名 (输入参数表) RETURN 数据类型 IS
    [说明语句];
    BEGIN
        顺序描述语句;
        RETURN 返回变量名;
    END FUNCTION 函数名;
```

函数首是程序包与函数的接口界面。如果要将一个函数组织成程序包入库,则必须定义函数首,且函数首应放在程序包的说明部分,而函数体应放在程序包的包体内。如果只在一个结构体中定义并调用函数,则只需定义函数体即可。

其中参数表中为参数名、参数类别及数据类型,函数的参数为信号或常数,默认情况为常数;在 RETURN 后面的数据类型为函数返回值的类型;子程序声明项用来说明函数体内引用的对象和过程;顺序语句就是函数体,用来定义函数的功能。在函数调用时既可采用并行方式也可顺序方式,如下例所示。

例 3-33:

```
LIBRARY IEEE;
USE IEEE.STD_LOGIC_1164.ALL;
PACKAGE    packexp2 IS                          --定义程序包
    FUNCTION    max(a,b:IN STD_LOGIC_VECTOR)    --定义函数首
    RETURN STD_LOGIC_VECTOR ;
END;
PACKAGE    BODY packexp2 IS
    FUNCTION    max(a,b:IN STD_LOGIC_VECTOR)--定义函数体
    RETURN STD_LOGIC_VECTOR IS
    BEGIN
    IF a > b THEN RETURN    a;
        ELSE          RETURN    b;
    END IF;
    END FUNCTION max;              --结束FUNCTION语句
END;                               --结束PACKAGE BODY语句

LIBRARY IEEE;                      --函数应用实例
USE IEEE.STD_LOGIC_1164.ALL;
USE WORK.packexp2.ALL;
ENTITY    examp IS
    PORT(dat1,dat2:IN STD_LOGIC_VECTOR(3 DOWNTO 0);
         dat3,dat4:IN STD_LOGIC_VECTOR(3 DOWNTO 0);
         out1,out2:OUT STD_LOGIC_VECTOR(3 DOWNTO 0));
END;
ARCHITECTURE bhv OF examp IS
    BEGIN
```

```
out1<=max(dat1,dat2);                --并行函数调用语句
PROCESS(dat3,dat4)
BEGIN
    out2<=max(dat3,dat4);            --顺序函数调用语句
END PROCESS;
END;
```

由于 VHDL 是一种强类型语言，不同数据类型的操作数不能运算和赋值，这样在实际的编程应用中会遇到很多问题。为了解决这个问题，在 IEEE 库中定义了很多运算符重载函数。

运算符重载函数是指两个或两个以上的函数具有相同的函数名，而操作数的数据类型有差别，足以区分实际想要使用的函数。这就好比是同名不同人，不同的人能做不同的事，用到谁时谁上。运算符重载函数的作用是使得运算符（或函数）能对多种数据类型进行操作，扩展了 VHDL 的功能。在实际应用时，由编译器根据操作数的数据类型来判断使用哪一函数。

同一函数名可能在不同的包集合中定义了不同的函数，具体用哪一函数就要将其所在的包集合在文件头声明。

例如，运算符"+"在包集合 IEEE.numeric_bit、IEEE.std_logic_unsigned、IEEE.std_logic_signed 中都有定义。

习题

1. VHDL 程序有哪些基本部分组成？
2. 什么是进程的敏感信号？进程与赋值语句有何异同？
3. 什么是并行语句？什么是顺序语句？
4. 怎样使用库及库内的程序包？列举出三种常用的程序包。
5. BIT 类型数据与 STD_LOGIC 类型数据有什么区别？
6. 信号与变量使用时有何区别？
7. BUFFER 与 INOUT 有何异同？
8. 为什么实体中定义的整数类型通常要加上一个范围限制？
9. 怎样将两个字符串 hello 和 world 组合为一个字符串？
10. IF 语句与 CASE 语句的使用效果有何不同？使用 CASE 语句时是否需要加语句 WHEN OTHERS？为什么？
11. 进程语句是如何启动的？
12. 在 VHDL 程序设计中，如何描述时钟信号的上升沿和下降沿？

第 4 章 基础实验

4.1 初识 VHDL

一、实验目的

1. 熟悉 VHDL 程序结构,理解同一实体可以有不同结构体。
2. 熟悉 FPGA 器件的作用。

二、实验任务

1. 用不同方式编写二选一数据选择器(一位二进制数)的 VHDL 程序。
2. 编写二选一数据选择器(N 位二进制数)的 VHDL 程序。

三、基本实验条件

1. 软件平台 Quartus II 或 ISE 环境。

四、实验原理

VHDL(Very-High-Speed Integrated Circuit Hardware Description Language)全称超高速集成电路硬件描述语言,在基于复杂可编程逻辑器件、现场可编程逻辑门阵列和专用集成电路的数字系统设计中有着广泛的应用。用它编写程序几乎可以实现数字电路的所有逻辑关系,可以是一个简单的 2 输入与门,也可以是一个非常复杂的 CPU,总之都可以用一片 FPGA 芯片实现。

如图 4-1-1 所示,方框就代表 FPGA 芯片,需要实现什么功能就编写相应 VHDL 程序下载到 FPGA 芯片中,最后连接电路测试即可。在这里用的是 altera 公司的 MAX7000s 系列的 EPM7128SLC84-15 芯片,共有 85 个引脚。下面从最简单的反相器开始,分析 VHDL 设计过程。如果按键按下,产生一低电平,经反相器变为高电平,点亮 LED 灯;反之按键弹开,LED 熄灭。按键信号输入分配给芯片的第 50 引脚,反相器的输出分配给芯片的第 28 引脚。

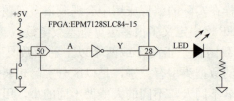

图 4-1-1　FPGA 芯片与外围电路接口示意图

图 4-1-2 是反相器的 VHDL 程序。下面从第一行开始对程序一一说明。

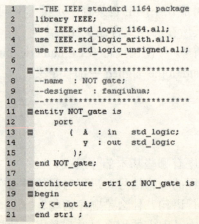

图 4-1-2　反相器的 VHDL 示例程序

（1）"--"注释。由"--"开始的每一行都是注释行，内容本身没有什么意义，只是保证了程序的可读性及可维护性。也可以不写注释，但作为一个程序员，应养成写注释的好习惯。

（2）"library，use"库，程序包。库和程序包中包含一些别人已定义好的参数、函数等。我们编程时可以自由使用，不需要再编写。但在使用前需要声明一下，一般 library、use 语句一起使用，放在程序的开始。library 指定哪个库？use 指定库中具体的哪个程序包。大家初学编写这三句就足够了。以后学习深了可以编写自己的库，程序包程序，现在可以不用管它里面有什么。

（3）";"指令的结束。VHDL 语言的语法规定每个指令都以";"结束，而不是换行。所以一条指令可以写成多行，一行也可以写多条指令，重点是用";"分开。

（4）程序不区分大小写。VHDL 程序不区分大小写。为增加程序的可读性，可以将保留字用小写，变量、信号、名称用大写。

（5）ENTITY 实体说明。实体用来告诉大家编程员编写什么程序，叫什么名，包含哪些输入、输出信号。也就是大家看到的外包装，反相器的外包装如图 4-1-3 所示，名字叫 NOT_gate，输入信号为 A，输出信号为为 Y。实体程序必须从 ENTITY 开始，到 END 结束。

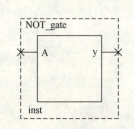

图 4-1-3　反相器的实体符号

```
ENTITY  NOT_gate  is
        PORT（  A  : in    std_logic;
               Y  : out   std_logic   ）;
END NOT_gate;
```

实体的主要任务就是端口（port）的描述。每一个输入输出引脚都包括三部分，即

端口信号名：端口模式　数据类型；

端口名是设计者为实体的每一个对外通道所取的名字，端口模式是指这些通道上的数据流动方式，数据类型是指端口上流动的数据的表达格式或取值类型，VHDL 要求只有相同数据类型的端口信号和操作数才能相互作用。

（6）ARCHITECTURE 结构体。

实体的描述告诉大家做了个什么东西，至于具体如何实现，怎样实现则是结构体的事，所有程序都必须有实体和结构体。结构体保留字中的实体名必须与实体中的名一致，以表明是哪个实体的结构体。结构体名表示一个实体可以有多个结构体，其对应 VHDL 的多种描述方式，即一个电路的实现有很多种方法。

```
ARCHITECTURE str1 of not_gate is
    BEGIN
        Y<= not A;
END    str1 ;
```

（7）"〈="赋值语句。VHDL 中信号的传递全靠赋值语句"〈="，把符号"〈="右边的值传送到左边，左边只能有一个信号，右边可以是一个或多个信号的组合与运算，符号两边数据类型要求必须一致。

下面总结一下，反相器的 VHDL 程序的编写过程，只有第 20 行这一句是最关键的，其他全是框架（图 4-1-1）。所谓框架，即每个程序都必须包括的，如库、程序包、实体、结构体。每个程序最关键的是实现不同的功能，也即实现内容不同的电路。具体功能不同，语句也就不同，简单的可以只有一句，复杂的可以有上千句，上万句。

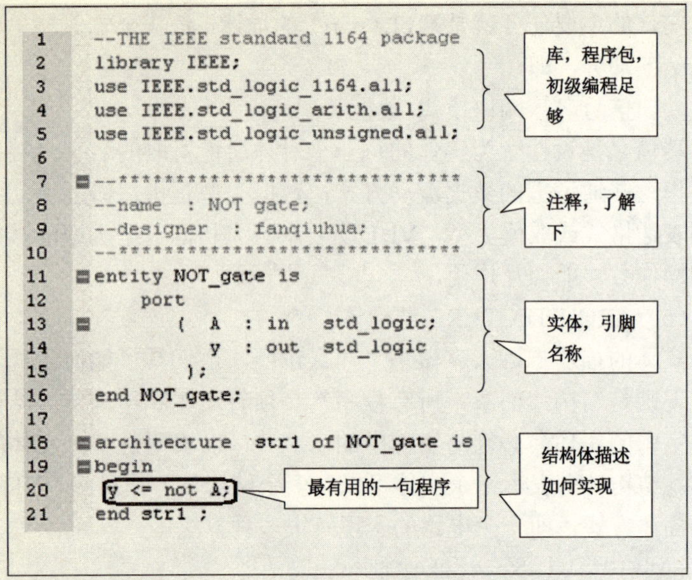

```
1    --THE IEEE standard 1164 package
2    library IEEE;
3    use IEEE.std_logic_1164.all;
4    use IEEE.std_logic_arith.all;
5    use IEEE.std_logic_unsigned.all;
6
7    --********************
8    --name     : NOT gate;
9    --designer : fanqiuhua;
10   --********************
11   entity NOT_gate is
12       port
13           ( A : in    std_logic;
14             y : out   std_logic
15           );
16   end NOT_gate;
17
18   architecture  str1 of NOT_gate is
19   begin
20       y <= not A;
21   end str1 ;
```

行1-5 库,程序包,初级编程足够
行7-10 注释,了解下
行11-16 实体,引脚名称
行18-21 结构体描述如何实现
行20 最有用的一句程序

图 4-1-4 反相器的 VHDL 程序框架

五、思考题

1. 分析下面程序,同一个实体,有三个结构体,试分析结果是否一样?

```
ENTITY mux21 is
    PORT( data1: in bit; data2: in bit; s : in bit;
          y : out bit );
END mux21;
ARCHITECTURE str1 of  mux21   is
  SIGNAL  d,e : bit;
BEGIN
    d <= data1    AND (not s);
    e <= data2    AND   s;
    y <= d or e;
END str1 ;
ARCHITECTURE    str2 of mux21 is
BEGIN
    y <= (data1   AND (not s)) or (data2    AND   s);
END str2 ;
ARCHITECTURE    str3 of mux21 is
BEGIN
   PROCESS ( data1,data2,s )
     BEGIN
       IF   s='0' THEN y<= data1;
            ELSE   y<=data2;
       END IF;
   END PROCESS;
END str3 ;
```

2. 分析下面程序与作业 1 的异同。

```
LIBRARY ieee;
USE ieee.std_logic_1164.all;
ENTITY mux21_4wei is
    PORT(   data1: in   std_logic_vector (3 downto 0);
            data2: in   std_logic_vector (3 downto 0);
            s    : in   std_logic;
            y    : out std_logic_vector (3 downto 0) );
END mux21_4wei;

ARCHITECTURE    str1   of mux21_4wei is
  BEGIN
    PROCESS ( data1,data2,s )
      BEGIN
        IF    s='0' THEN y<= data1;
              ELSE   y<=data2;
        END IF;
      END PROCESS;
END str1 ;
```

姓名：_____ 学号：_____ 班级：_____ 序号：_____

六、初识 VHDL 实验报告

1. 源程序。

（1）对应二选一数据选择器（一位二进制数）的真值表编写其 VHDL 程序。

（2）对应二选一数据选择器（一位二进制数）的表达式编写其 VHDL 程序。

（3）对应二选一数据选择器（一位二进制数）的电路图编写其 VHDL 程序。

姓名：_____ 学号：_____ 班级：_____ 序号：_____

（4）编写二选一数据选择器（4 位二进制数）的 VHDL 程序。　　　　2．实验遇到问题及解决方法。

4.2 Quartus II 9.0 环境的使用

一、实验目的

1. 掌握 Quartus II 编程环境的使用及 VHDL 文本输入方法。
2. 掌握仿真、编程下载和硬件测试的方法。

二、实验任务

1. 编写数字电子技术中的常用芯片如编码器 74LS148、译码器 74LS138 的 VHDL 程序。
2. 建立工程并进行仿真、下载、测试。

三、基本实验条件

1. 软件平台 Quartus II 或 ISE 环境。
2. 可编程逻辑器件 EPM7128SLC84 板（可编程逻辑器件不限型号）。

四、实验原理

对 VHDL 编程有了初步认识。那么编写完程序，要看程序是否正确，然后把正确的程序下载到可编程逻辑器件中，可编程逻辑器件被下载了程序，也就被赋予了功能。程序不同，功能不同。下面介绍在 Altera 公司的 QUARTUS II 9.0 环境下，把 VHDL 程序进行编译、仿真、综合下载到实际硬件的过程。使用的芯片及引脚排列如图 4-2-1 所示。

图 4-2-1 Altera 公司 EPM7128SLC84-15

1. 建立工作库文件夹，输入设计文件并存盘

首先必须建立工程（Project）的概念，任何一项设计不管多么复杂或是多么简单都是一项工程。与工程相关的文件有多个，应存放在同一个文件夹中，所以必须为要设计的工程建立一个文件夹。文件夹名不用汉字，最好也不用数字。文件夹不要放在 Quartus II 的安装目录中。

（1）新建一个文件夹。这里假设本书中设计的文件全部放在 D 盘的文件夹 eda_program 中，路径为 D:\eda_program。第一个反相器的程序放在 D:\eda_program\NOT_gate 中。

（2）输入源程序。打开 Quartus II 环境，选择"File"下拉菜单的"New"选项，如图 4-2-2 示；在"New"窗口中的"Design Files"中选择编译文件的语言类型，选择"VHDL File"，如选择"Block Diagram/Schematic File"，则进行原理图编辑。在 VHDL 文本编译窗口中输入示例程序，如图 4-2-3 所示。

（3）文件存盘。选择"File"下拉菜单的"Save"选项，找到已设好的文件夹 D:\eda_program\NOT_gate（在实验室机器上最好是自

EDA 技术及实验教程

己姓名拼音；在自己机器上可以是当前设计的英文名或拼音），VHDL 文本文件存盘文件名必须与程序的实体名一致，即 NOT_gate.vhd。当出现提示信息"Do you want to creat a new project with this file？"时，若单击"是"按钮，则直接进入创建工程流程；若单击"否"按钮，按以下方法进入创建工程流程。这里单击"否"按钮。

2．创建工程

刚刚建立存盘的是*.vhd 文件，也是源文件。要进行编译仿真下载必须建立以源文件为中心的工程。工程文件的后缀为*.qdf，如果打开的不是工程文件，很多菜单都是灰色的，不能使用。使用"New Project Wizard"可以为工程指定工作目录，分配工程名称以及指定最高层设计实体的名称，还可以指定要在工程中使用的设计文件、其他源文件、用户库和 EDA 工具，以及目标器件系列和具体器件等。

（1）打开建立新工程管理窗口。选择"File"下拉菜单的"New Project Wizard"命令，弹出工程设置对话框，如图 4-2-4 所示。

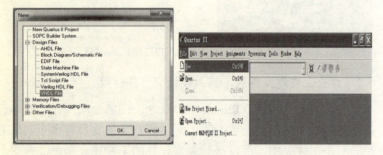

图 4-2-2 新建文件并选择编辑文件的语言类型

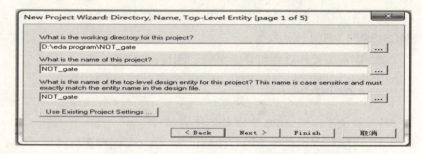

图 4-2-4 利用"New Project Wizard"创建工程 NOT_gate

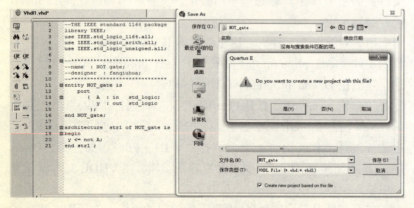

图 4-2-3 输入源程序并存盘

单击此对话框最上一栏右侧 …… 按钮，找到文件夹 D:\eda_program\NOT_gate，选中已存盘的文件"NOT_gate.vhd"（一般应该设源文件*.vhd 为工程顶层设计文件），再单击"打开"按钮，即出现如图 4-2-4 所示设置情况。其中第一行的 D:\eda_program\NOT_gate 表示工程所在的工作库文件夹；第二行的 NOT_gate 表示此工程的工程名，工程名可以取任何其他的名，也可以直接用顶层文件的实体名作为工程名；第三行是当前工程顶层文件的实体名，即为 NOT_gate。

(2) 将设计文件加入工程中。单击图 4-2-5 图下方的 "Next" 按钮，在弹出的对话框中单击 "File name" 栏右侧的 ... 按钮，将所有与工程相关的 NOT_gate.vhd 文件添加到此工程中，如图 4-2-5（b）所示。

口 EDA Tool Settings。该窗口有三项，第一项 EDA design entry/synthesis tool 用于选择输入的 HDL 类型和综合工具；第二项 EDA simulation tool 用于选择仿真工具；第三项 EDA timing analysis tool 用于选择时序分析工具。这是除 Quartus II 自带的所有设计工具以外外加的工具，这里都不选择。只用 Quartus II 自带的所有设计工具。

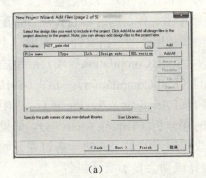
(a)

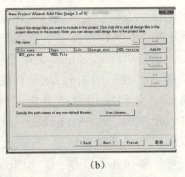
(b)

图 4-2-5 将所有与工程相关的 VHDL 文件加入此工程中

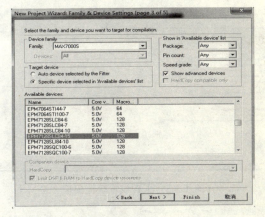

图 4-2-6 选择目标器件 EPM7128SLC84-15

将工程文件加入此工程中的方法有两种，一是单击 "Add All" 按钮，将设定的工程目录中的所有 VHDL 文件加入到工程文件栏中；二是单击 "Add" 按钮，从工程目录中选取相关的 VHDL 文件。

(3) 选择目标器件。单击图 4-2-5 下方的 "Next" 按钮，进入器件设置窗口如图 4-2-6 所示。"Family" 栏选择芯片系列，实验室常用的有 ACEX1K、Cyclone、Cyclone II 系列，如 ACEX1K 系列的 EP1K100QC208-3 芯片，Cyclone 系列的 EP1C6Q240C8 芯片，Cyclone II 系列的 EP2C5T144C8 芯片。本次实验大家用的是 MAX7000S 系列 EPM7128SLC84-15。

当然器件的选择也可编译完成后重选，在 "Assignments" 下拉菜单下选 "Device" 选项，弹出如图 4-2-7 所示的对话框。

(4) 工具设置。单击 "Next" 按钮后，弹出的是 EDA 工具设置窗

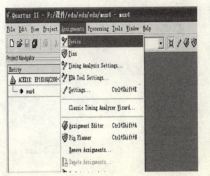

图 4-2-7 编译完成后选择目标器件步骤

57

（5）结束设置。再单击"Next"按钮后即弹出工程设置统计窗口，列出了此工程的相关情况，如图 4-2-8 所示。最后单击"Finish"按钮，即已设定好此工程，并出现 CNT10 的工程管理窗口（Hierarchy）主要显示本工程项目的层次结构和层次的实体名，如图 4-2-9 所示。

3. 编译

工程创建好了，就可以开始编译了。Quartus II 编译器功能强大，能够检查工程设计文件中可能的语法错误信息，显示错误列表供设计者排错，然后继续编译，直至没有错误。编译成功后会产生一个结构化的以网表文件表达的电路原理图文件，同时将设计项目适配到 FPGA/CPLD 目标器中，并产生多种用途的输出文件。

选择"Processing"菜单下的"Start Compilation"项，或单击快捷菜单中的 ▶ 按钮启动全程编译（Full Compilation），如图 4-2-10 所示。全程编译包括分析与综合（Analysis & Synthesis）、适配（Fitter）、装配（Assembler）及时序分析（Timing Analysis）。如果发现报出多条错误信息，每次检查和纠正从最上面的一条错误开始即可。如图 4-2-11 所示，如果编译成功会显示统计报告。

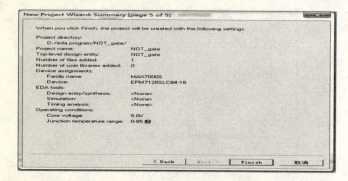

图 4-2-8　工程设置统计窗口

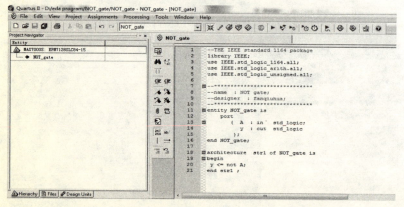

图 4-2-9　设定好的工程项目的层次结构和层次的实体名

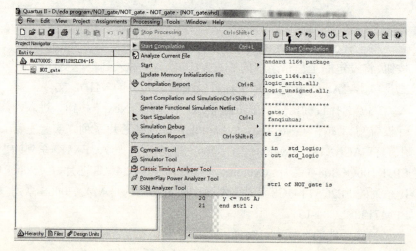

图 4-2-10　启动全程编译

第 4 章 基础实验

图 4-2-11　全程编译后报出信息报告

4．仿真文件的建立与保存

对工程编译通过后只是进行了语法检查，还必须对其功能和时序性质进行仿真测试，以了解结果是否满足设计要求。仿真软件有很多。这里主要介绍 Quartus II 自带的 *.vwm 文件的设计流程。

建立波形仿真文件。如图 4-2-12，选择"File"菜单中的"New"项，在"New"窗口中选择"Verification /Debugging Files"的"Vector Waveform File"，单击"OK"按钮，就打开了波形编辑器，如图 4-2-13 所示。

图 4-2-12　选择编辑波形矢量文件

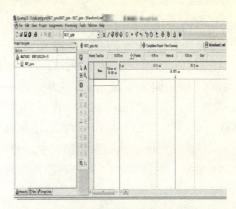

图 4-2-13　打开波形编辑器

先设置合适的仿真时间。在"Edit"菜单中选择"End Time"项，在弹出的窗口中的"Time"栏处输入合适时间，这里输入 1，单位为 μs，单击"OK"按钮，结束设置，如图 4-2-14 所示。该反相器不需设置，但某些时序程序如计数器，仿真时间较长，则需要设置仿真时间。

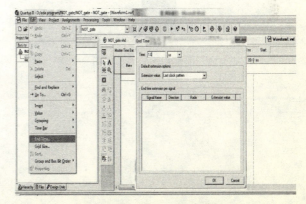

图 4-2-14　设置仿真时间

59

波形仿真就是先设定输入的波形，开始运行仿真，结束后查看输出波形是否符合设计要求。这就需要将工程 NOT_gate 的端口信号名选入到波形编辑器中。如图 4-2-15 所示，选择"Edit"下拉菜单中的"Insert"中的"Insert Node or Bus"选项，在打开的窗口中单击"Node Finder"按钮。单击"List"按钮，在下方的"Nodes found"窗口中出现 NOT_gate 工程的所有端口引脚名，用鼠标将左侧重要的端口名分别选中，单击 > 按钮拖到右侧窗口中，单击"OK"按钮即可，如图 4-2-16 所示。则图 4-2-13 的空白波形编辑器就有了输入输出引脚，变为图 4-2-17。

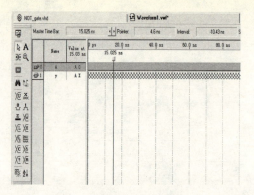

图 4-2-17 波形编辑器

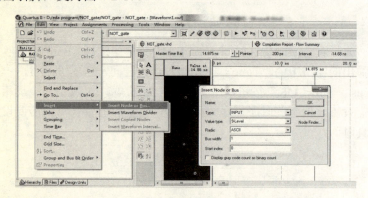

图 4-2-15 向波形编辑器拖入信号节点

图 4-2-16 波形编辑工具

然后编辑输入波形，即为输入信号赋值，将波形文件存盘。

例如，编辑反相器的输入引脚 A，先单击 A 引脚，则 A 行颜色变深，即被选中，同时左侧波形编辑工具变深，可以使用工具对引脚 A 进行编辑。编辑输入波形，先简单介绍一下波形编辑工具，如图 4-2-18 所示。单击波形编辑工具的箭头，则鼠标处于选择状态，可以进行各种功能选择。单击波形编辑工具的 按钮，则选中的行被赋值为全低电平；单击波形编辑工具的 按钮，则选中的行被赋值全高电平；单击波形编辑工具的 按钮，则选中的行被赋值为高阻态。单击波形编辑工具的 按钮，可对时钟信号进行设置，如图 4-2-19（a）所示对时钟的周期，占空比进行设置后，单击"OK"按钮，则输入时钟波形如图 4-2-20 中 A 行所示（因 A 为反相器的输入，设置什么都可以，为熟悉时钟的设置，在这练习一下如何设置时钟）。单击波形编辑工具的 按钮，对总线数据格式赋值；如图 4-2-19（b）所示，设置的数在"Counting"选项卡中可以选择不同的基，选择二进制数"Binary"，选择起始值、计数类型；如图 4-2-19（c）所示，在"Timing"选项卡中设置起始时间、计数间隔、数的变化规律。设置完毕后单击

"确定"按钮。单击波形编辑工具的 X² 按钮，对"Arbitrary Value"相关参数进行设置，如图 4-2-21（a）所示；单击波形编辑工具的 X^R 按钮，对"Random Values"相关参数进行设置，如图 4-2-21（b）所示。

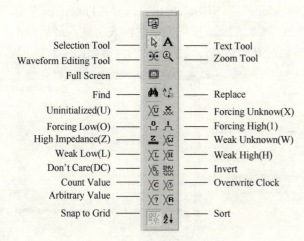

图 4-2-18 波形编辑工具

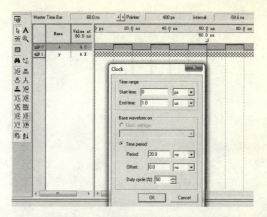

图 4-2-20 输入引脚 A 设置为时钟波形

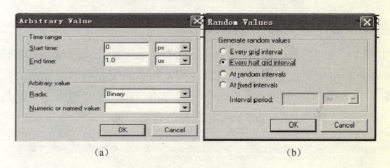

（a）　　　　　　　　　　（b）

图 4-2-21 设置总线数据格式

所有输入信号设置完后将文件存盘，单击"File"菜单下的"Save"，出现如图 4-2-22 对话框，找到工程所在的文件夹，此时文件名、保存类型都不用更改，直接单击"保存"按钮即可。需要注意的是如果是第一次存盘，这样做就可以了。如果已仿真过了，想要重新仿真，重新建立仿真文件存盘时一定还是原来的文件名字，也就是把原来的文件覆盖掉；否则仿真会出错。

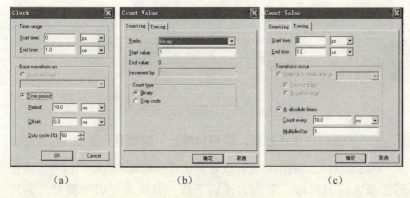

（a）　　　　　（b）　　　　　（c）

图 4-2-19 设置时钟

图 4-2-22 保存 NOT_gate.vwf 波形文件

5. 进行时序仿真和功能仿真。

（1）时序仿真。选择"Processing"菜单下的"Start Simulation"项，或单击快捷按钮 启动仿真。观察仿真结果是否满足要求。如图 4-2-23 所示，会发现波形与我们想得不一样。这是因为进行的是时序仿真，仿真过程考虑了实际器件的延迟时间。

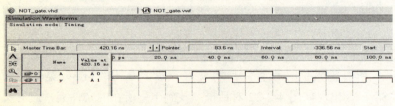

图 4-2-23 时序仿真波形输出

如果不考虑器件延时，只是看是否实现相应功能，需要进行功能仿真。功能仿真与时序仿真的不同在于，在仿真过程中只是在理论上看功能是否实现，并不考虑实际器件的延时。初学为了查看波形方便，可以用功能仿真；最好功能仿真正确后再进行时序仿真。

（2）功能仿真。如图 4-2-24 所示，在"Processing"下拉菜单中选择仿真工具"Simulator Tool"，打开仿真工具的设置，单击"Simulation Mode"右侧的 按钮，选择"Functional"选项，然后单击 Generate Functional Simulation Netlist 按钮，产生网表文件，最后单击左下侧的 Start 按钮，开始仿真。功能仿真的波形如图 4-2-25 所示。

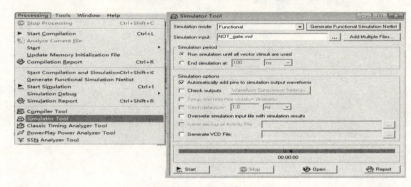

图 4-2-24 功能仿真的设置

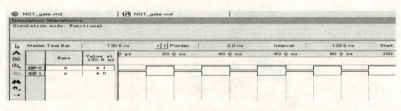

图 4-2-25 功能仿真的波形

6. 编译和仿真通过后，就可以进行引脚设置和下载了

为了能对设计的电路进行硬件测试，应将其输入输出信号锁定在芯片指定的引脚后，重新编译后下载。首先确定引脚编号，芯片

EPM7128SLC85-15 共有 85 个引脚，芯片引脚图如图 4-2-26 所示，在芯片中对应圆圈的引脚我们都可以随便用。三角、方块的系统已用。

图 4-2-26 EPM7128SLC85-15 引脚图

本实验中反相器有两个引脚，一个输入引脚 A，在这里分配给 5 脚；一个输出引脚 Y，分配在 6 脚。

假设已打开了 Not_gate 工程（如果刚刚打开 QUARTUS II，则在"File"菜单选择"Open Project"，选中工程文件"Not_gate"，就可打开前面设计好的工程）。选中"Assignments"下拉菜单中的"Assignment Editor"项，即进入图 4-2-27 所示的窗口，单击"Category"栏中右侧▼按钮，选择"Pin"，或直接单击右上侧的"Pin"按钮。

双击"To"栏的"《new》"，在图 4-2-27 所示的下拉栏中分别选择本工程要锁定的端口信号名；然后双击对应的"Location"栏的"《new》"，在出现图的下拉栏中选择对应端口信号名的器件引脚号。单击"存盘"按钮。

引脚锁定还能用更直观的图形方式来完成，选中"Assignments"菜单中的"Pin Planner"项，弹出如图 4-2-28 所示的窗口，用鼠标将编辑窗口左侧的信号名逐个拖入右侧器件对应引脚上即可，单击"存盘"按钮。

图 4-2-27 Assignment Editor 编辑器

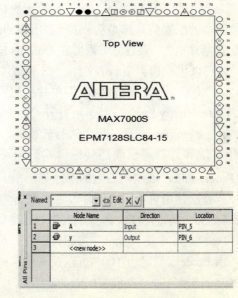

图 4-2-28 图形式引脚锁定方式

不管哪种方式存盘后，注意必须再重新编译一次，才能把引脚锁定信息编译进编程下载文件中。

7. 配置文件编程下载

将编译好的*.sof 或*.pof 格式文件配置到 FPGA 器件中，就可以进行硬件测试了。 Altera 公司的 Quartus II 开发工具可以生成多种配置或编译文件，用于不同配置方式。对于不同的目标器件，编译后开发工具会根据指定的 FPGA 器件自动生成.sof（SRAM Object File）和.pof（Programmer Object File）配置文件。.sof 配置文件是由下载电缆将其下载到 FPGA 中的，在 JTAG 下载方式和 PS 方式（Passive Serial）对应 sof 配置文件。在使用.sof 文件配置时，Quartus II 下载工具将控制整个配置顺序，并为配置数据流内自动插入合适的头信息。其他类型的配置信息都是从.sof 产生出来的。 .pof 配置文件是存放在配置器件里的，要注意，需要在 Quartus II 工具中设置编程器件类型，才可以生成该类型.pof 文件。AS 模式（Active Serial Configuration Mode）对应于 pof 配置文件。用单片机配置时，要将.sof 文件转换成.rbf（Raw Binary File）文件，可打开 Quartus II 的 "File" 菜单，单击 "Convert Programming Fiks" 进行转换。

首先将实验系统和并口通信线连接好，实验箱通电。在菜单 "Tool" 中选择 "Programmer" 或双击右上的 按钮，弹出如图 4-2-29 所示的编程窗口。首次使用可能需要硬件设置。单击 按钮，出现如图 4-2-30 所示的窗口，选择 JTAG（.sof 格式）或 Passive Serial（.pof 格式）模式，单击 "Start" 按钮，即进入对目标器件的配置下载操作，当 Process 显示出 100%，以及在底部的处理栏出现 "Configuration Succeeded" 时，表示编程成功。

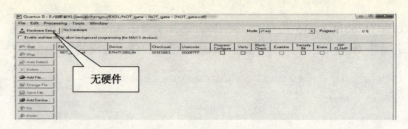

图 4-2-29 编程下载窗口

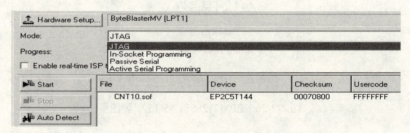

图 4-2-30 硬件设置

8. 硬件测试

现在大功告成，成功下载后，就可以在实验箱上测试了。5 脚接开关，6 脚接一发光二极管，进行测试。

组合逻辑是所有数字系统的基础。可编程逻辑器件就像一魔法盒子，同一组硬件，进行不同的规划连线，就可以实现各种各样的功能。VHDL 编程就是进行不同的规划也就是所谓的硬件电路的软件实现。

你需要做的就是如何编写程序，其他都可以在 Quartus II 环境中按部就班地做就行了。下面让我们编写程序吧。

五、实验指导

1. 编写 8-3 优先编码器的程序、输入高电平有效、输出原码；
2. 编写 4-16 译码器的程序、输出高电平有效。输入程序，建立工程，编译仿真，并画出仿真波形。

可以参考下面已编写好的普通 8-3 编码器、4-2 优先编码器、3-8 译码器的程序。优先编码器中，同一时刻可以允许两个或两个以上输入信号同时有效。不过，在设计优先编码器时，需要将所有的输入信号按优先顺序排队，如果几个输入信号同时出现时，只对优先权最高的一个信号进行编码。

```
-----**普通8-3编码器**-----
LIBRARY ieee;
USEd ieee.std_logic_1164.all;
ENTITY encoder8_3  is
     PORT( I0,I1,I2,I3,I4,I5,I6,I7 :std_logic;
                  Y2,Y1,Y0:   std_logic);
END encoder8_3;
ARCHITECTURE     rtl of encoder8_3 is
BEGIN
  PROCESS(I0,I1,I2,I3,I4,I5,I6,I7)
    BEGIN
    CASE (I7&I6&I5&I4&I3&I2&I1&I0)   is
    WHEN "00000001"=> y2<='0';y1<='0';y0<='0';
    WHEN "00000010"=> y2<='0';y1<='0';y0<='1';
    WHEN "00000100"=> y2<='0';y1<='1';y0<='0';
    WHEN "00001000"=> y2<='0';y1<='1';y0<='1';
    WHEN "00010000"=> y2<='1';y1<='0';y0<='0';
    WHEN "00100000"=> y2<='1';y1<='0';y0<='1';
    WHEN "01000000"=> y2<='1';y1<='1';y0<='0';
    WHEN "10000000"=> y2<='1';y1<='1';y0<='1';
    WHEN  others    => y2<='1';y1<='1';y0<='1';
    END CASE ;
  END PROCESS;
END rtl;
-----**4-2优先编码器**-----
LIBRARY ieee;
USEd ieee.std_logic_1164.all;
ENTITY encoder4_2   is
     PORT(e, I0,I1,I2,I3,I4:  std_logic;
                  Y1,Y0:   std_logic);
END encoder4_2;
ARCHITECTURE     rtl of encoder4_2 is
BEGIN
  PROCESS(e,I0,I1,I2,I3)
    BEGIN
    IF   e='1' THEN y1<='0';y0<='0';
    ELSE
    IF   i3='1' THEN y1<='1';y0<='1';
    ELSIF i2='1' THEN y1<='1';y0<='0';
    ELSIF  i1='1' THEN y1<='0';y0<='1';
    ELSIF  i0='1' THEN y1<='0';y0<='0';
    END IF;
    END IF;
  END PROCESS;
END rtl;
-----** 3-8译码器的程序**-----
LIBRARY ieee;
USEd ieee.std_logic_1164.all;
ENTITY decoder3_8   is
     PORT(   S1,S2,S3, A2,A1,A0 :std_logic;
```

```
            Y0,Y1,Y2,Y3,Y4,Y5,Y6,Y7:   std_logic);
END decoder3_8;
ARCHITECTURE    rtl of decoder3_8 is
SIGNAL s: std_logic;
SIGNAL A: std_logic_vector( 2 downto 0);
SIGNAL y: std_logic_vector( 7 downto 0);
BEGIN
   s<= s2 or s3;
   A<=A2&A1&A0;
   PROCESS (s1,s2,s3,A2,A1,A0)
   BEGIN
      iF s1='0' THEN Y<="11111111";
      ELSIF s='1' THEN   Y<="11111111";
      ELSE
         CASE A is
            WHEN "000"=> y<="11111110";
            WHEN "001"=> y<="11111101";
            WHEN "010"=> y<="11111011";
            WHEN "011"=> y<="11110111";
            WHEN "100"=> y<="11101111";
            WHEN "101"=> y<="11011111";
            WHEN "110"=> y<="10111111";
            WHEN "111"=> y<="01111111";
            WHEN others =>y<="11111111";
         END CASE;
      END IF;
   END PROCESS;
y0<=y(0); y1<=y(1);   y2<=y(2); y3<=y(3); y4<=y(4);
y5<=y(5); y6<=y(6);   y7<=y(7);
END rtl;
```

六、思考题

1．如何在程序中加上使能端？如何修改程序实现编码器的输入有效电平改为低电平？

2．在 Quartus II 环境下进行设计的操作步骤是？

3．*.vhd 文件存盘时，文件名字要注意什么？

4．工程，VHD 源文件，仿真文件，下载文件的扩展名各是什么？

姓名：_____ 学号：_____ 班级：_____ 序号：_____

七、Quartus II 9.0 环境的使用实验报告

1. 源程序。
（1）芯片 74LS148 优先编码器的 VHDL 程序。

2. 仿真波形及结果分析。

（2）芯片 74LS138 译码器的 VHDL 程序。

姓名：_____ 学号：_____ 班级：_____ 序号：_____

3．选用芯片并进行引脚分配。
芯片型号：

74LS148 优先编码器的引脚对应：

74LS138 译码器的引脚对应：

4．74LS138 译码器的功能测试表。

74LS148 优先编码器的功能测试表。

5．实验遇到问题及解决方法。

4.3 原理图的设计及层次化设计方法 1

一、实验目的

1. 掌握 Quartus II 原理图输入方法。
2. 掌握原理图层次化的设计方法。
3. 掌握全加器的原理图设计。

二、实验任务

1. 编写二-十进制编码器的 VHDL 程序 encoder2_10.vhd（真值表见表 1），编译仿真正确后产生符号文件 encoder2_10.bsf 备用。
2. 编写 BCD 七段显示译码器的 VHDL 程序 decoder7.vhd，编译仿真正确后产生符号文件 decoder7.bsf 备用。
3. 新建原理图文件，调出符号，进行连线，添加输入输出引脚完成开关编号显示电路。

三、基本实验条件

1. 软件平台 Quartus II 或 ISE 环境。
2. 可编程逻辑器件 EPM7128SLC84 板（可编程逻辑器件不限型号）。

四、实验原理

Quartus II 提供了各种元件库，包括最基本的逻辑元件库如与非门、D 触发器等；宏功能元件库包括几乎所有 74 系列的器件；及类似于 IP 核的参数可设置的宏功能元件库；便于进行层次化设计。原理图输入设计除了输入方法与 HDL 输入不同外，主要流程与 VHDL 文本输入法完全一致。这里主要介绍底层元件设计和层次化设计的主要步骤。

1. 原理图输入设计

（1）新建一个文件夹。这里假设设计的文件夹取名 adder，在 D 盘中，路径 D:\eda_program\adder。

（2）输入源程序并存盘。打开 Quartus II，选择"File"下拉菜单的"New"选项，如图 4-2-2 所示，在"New"窗口中的"Design Files"中选择编译文件的语言类型，这里选择"Block Diagram/Schematic File"，则打开了原理图编辑器。

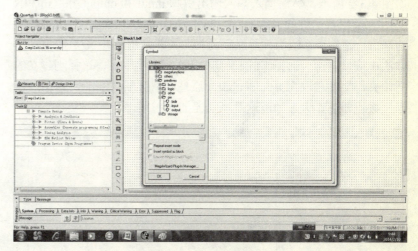

图 4-3-1 原理图编辑器

在编辑"Edit"下拉菜单中单击 Insert Symbol...，或在编辑窗口 block.bdf 中的任何一个位置单击鼠标右键，出现快捷菜单，选择输入元件"Insert"项下的"Symbol",就弹出如图 4-3-1 所示输入元件 Symbol 窗口,Symbol 窗口左侧 "Libraries" 栏下 c:/altera/90sp2/quartus/libraries 是系统自带的各种元件库,单击左侧加号展开三个折叠目录,megafunctions 包括 meqafunctions 参数可调的宏功能器件如 ROM 等、others 包括 others 几乎所有的 74 系列元件、primitives 包括最基本的门系列。在相应的折叠目录中,逐个打开找到要输入的元件并选中,或在"Name"栏中输入要输入元件的名称如 and2,即是 2 输入与门。相应的元件就显示在右侧的编辑栏中,单击左下方的"OK"按钮,就将元件调入原理图编辑窗口中,如图 4-3-1 所示。再调入元件 not(非门)、xnor(同或门),如图 4-3-2 所示,然后调入输入输出引脚 input 和 output 并双击 PIN NAME 编辑各引脚的名称 a、b、co、so(input 和 output 对应实体中的端口,是整个系统与外界联系的接口,非常重要),最后用拖动的方法连接好电路。选择"File"菜单下的"Save As",选择刚建立的文件夹,文件名取为 h_adder.bdf(原理图后缀默认 bdf),单击"保存"按钮即可。大家知道这是半加器的原理图。

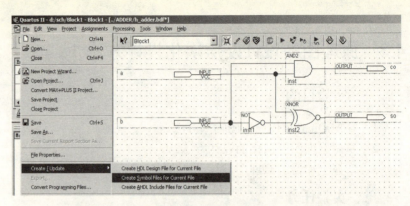

图 4-3-3 将所有元件调入原理图编辑窗口并连接好

2. 层次化设计——方法 1(原理图法)

(1)首先须将设计项目设计成可调用的元件。一个项目编译正确后,不论是原理图文件*.bdf,还是 VHDL 文本文件*.vhd,选择"File"下拉菜单的"Create/Update",在弹出的菜单下选择"Create Symbol Files For Current File"选项,即可将当前文件封装成一个元件符号存盘,自动存放在当前文件所在的文件夹内,文件名称与原理图文件名一样,后缀为*.bsf,就可以在新打开的原理图编辑器中当做一个图形符号使用,即高层次设计中调用。图 4-3-4 所示的半加器 h_adder.bdf 原理图生成符号元件后,所在文件夹包括的文件类型。其中,四个彩色图标非常重要,依次是 h_adder.bsf(新生成的元件符号文件)、h_adder.bdf(原理图源文件)、h_adder.qpf(工程文件)、h_adder.vwf(波形仿真文件)。其中文件 h_adder.bsf 和 h_adder.bdf 是源文件,一定要复制到需要用到它的高层次文件的文件夹中。

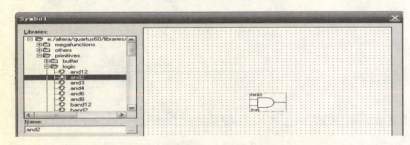

图 4-3-2 元件输入对话框

(3)编译、仿真、引脚分配、下载等过程与 4.2 节的实验一样,不再赘述。

(2)设计全加器顶层文件。因为一个文件夹中最好只能有一个工程,新建一个原理图文件,过程同前面半加器设计,保存在同一个路径 D：\adder\f_adder 中，所以需把所要调用的半加器元件的源文件 h_adder.bsf\h_adder.bdf 和 *.vhd 复制到新建的文件夹中。

原理图如图 4-3-6 所示。文件设计完成，设置成工程，其他编译、仿真、引脚分配、下载等过程流程与前面相同。

图 4-3-4　文件类型

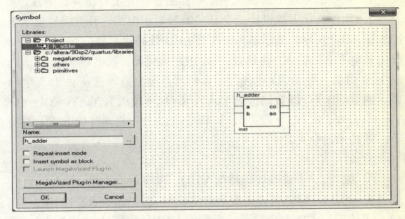

图 4-3-5　调用 h_adder.bsf 符号

这时在新建的 f_adder 原理图编辑器下输入符号，打开 Symbol 窗口时会发现，窗口左侧"Libraries"栏下多了一折叠栏"Project"，展开就是刚才存进去的 h_adder.bsf，如图 4-3-5 所示。画出全加器的

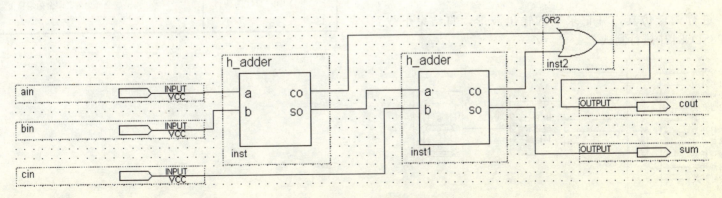

图 4-3-6　全加器原理图

五、实验指导

1. 按实验原理中所讲完成全加器的设计并进行仿真、下载。
2. 用层次化方法设计一个开关编号显示电路，开关编号显示电路如图 4-3-7 所示，显示器为共阴极 LED 数码管。如按下 5 号开关，产生低电平有效输入，再通过二-十进制编码器，输出对应的二-十进制编码 0101，经 BCD 七段显示译码器，输出数码管显示"5"字形所需的驱动电平，既数码管的 Yb=Ye=0（b、e 段灭），Ya=Yc=Yd=Yf=Yg=1（a、c、d、f、g 段亮）。如有 2 个以上开关同时按下或无键按下，则显示器全灭。

要求：

① 编写二-十进制编码器的 VHDL 程序 encoder2_10.vhd（真值表见表 4-3-1），编译仿真正确后产生符号文件 encoder2_10.bsf。

② 编写 BCD 七段显示译码器的 VHDL 程序 decoder7.vhd，编译仿真正确后产生符号文件 decoder7.bsf。

③ 新建原理图文件，调出符号，按图 4-3-7 进行连线，添加输入输出引脚。

④ 进行编译仿真，并记录输入输出波形，将结果下载到 EPM7128SLC84 中进行测试。

表 4-3-1　二-十进制编码器真值表

开关编号	输入				输出									
	A_3	A_2	A_1	A_0	Y_0	Y_1	Y_2	Y_3	Y_4	Y_5	Y_6	Y_7	Y_8	Y_9
0	0	0	0	0	0	1	1	1	1	1	1	1	1	1
1	0	0	0	1	1	0	1	1	1	1	1	1	1	1
2	0	0	1	0	1	1	0	1	1	1	1	1	1	1
3	0	0	1	1	1	1	1	0	1	1	1	1	1	1
4	0	1	0	0	1	1	1	1	0	1	1	1	1	1
5	0	1	0	1	1	1	1	1	1	0	1	1	1	1
6	0	1	1	0	1	1	1	1	1	1	0	1	1	1
7	0	1	1	1	1	1	1	1	1	1	1	0	1	1
8	1	0	0	0	1	1	1	1	1	1	1	1	0	1
9	1	0	0	1	1	1	1	1	1	1	1	1	1	0
10～15	1010～1111 为伪码				输出端全部无效，即全为逻辑 1									

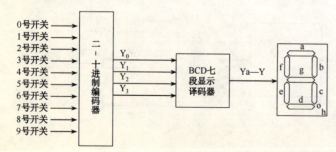

图 4-3-7　开关编号显示电路

姓名：_____ 学号：_____ 班级：_____ 序号：_____

六、原理图的设计及层次化设计方法 1 实验报告

1．源程序。
（1）二-十进制编码器的 VHDL 程序 encoder2_10.vhd。

（3）开关编号显示电路的原理图文件*.bdf 。

（2）BCD 七段显示译码器的 VHDL 程序 decoder7.vhd。

2．开关编号显示电路仿真波形及结果分析。

姓名：_____ 学号：_____ 班级：_____ 序号：_____

3. 引脚分配选用芯片并进行引脚分配。

   芯片型号：

   开关编号显示电路引脚对应：

5. 实验遇到问题及解决方法。

4. 开关编号显示电路测试表。

4.4 时序电路的设计及层次化设计方法 2

一、实验目的

1. 掌握时序电路的设计。
2. 掌握使用元件例化语句实现层次化设计。

二、实验任务

1. 编写十六进制加法计数器的 VHDL 程序，要求：同步置数，异步清零，带使能端。
2. 编写异步清零十进制计数器的程序并编译仿真（元件 CNT4B），编写七段显示译码器的程序并编译仿真（元件 DECL7S）。
3. 使用元件例化语句编写自动显示十进制数码的程序。

三、基本实验条件

1. 软件平台 Quartus II 或 ISE 环境。
2. 可编程逻辑器件 EPM7128SLC84 板（可编程逻辑器件不限型号）。

四、实验原理

时序电路的状态是需要时钟触发的，换句话说，时钟相当于时序电路的心脏，为整个电路提供源动力。时钟如何描述呢？时钟一般放在进程 Process 的敏感信号表中，如果是上升沿触发，进程开始后用 clk'event and clk='1'描述，表示 clk 使能并变为高电平。

1. 时序电路的设计

计数器是应用最广泛的时序逻辑器件之一，不仅用于时钟脉冲计数，还用于分频定时产生脉冲序列等。按触发方式分为同步计数和异步计数；按计数规则分为加法、减法、可逆计数。按时钟动作分上升沿和下降沿计数。

（1）上升沿和下降沿计数的实现非常简单。

下面进程可以实现如图 4-4-1 所示的上升沿触发加法计数。

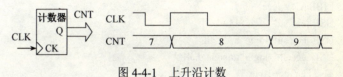

图 4-4-1　上升沿计数

```
PROCESS(CLK)
  BEGIN
    IF clk'event AND clk='1' THEN   CNT<=CNT+1;
    END IF;
  END PROCESS;
```

使用语句 clk'event and clk='1'表示上升沿触发计数。

下降沿计数只需把 clk='1'中的 1 换成 0 就可以了。

减法计数只需把 CNT<=CNT+1 中的加号 "+" 换成 "-" 就可以了。

（2）同步计数器。所谓同步计数，是指在时钟脉冲 CLK 的控制下，构成计数器的所有触发器的状态同时发生变化。图 4-4-2 是同步十进制加法计数器的框图符号，有异步复位端 R，同步预置数控制端 S，同步使能 EN 和进位输出端 COUT。仿真波形如图 4-4-3 所示。

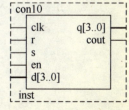

图 4-4-2　计数器框图

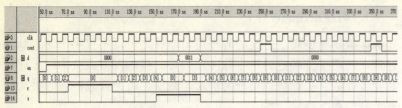

图 4-4-3　计数器仿真波形

```
-----**十进制同步计数器**----
LIBRARY ieee;
USE ieee.std_logic_1164.all;
USE ieee.std_logic_arith.all;
USE ieee.std_logic_unsigned.all;
ENTITY con10 is
    PORT (clk,r,s,en :in std_logic;
            d :in std_logic_vector(3 downto 0);
            q :out std_logic_vector(3 downto 0);
            cout: out std_logic);
END con10 ;
ARCHITECTURE    rtl of con10 is
SIGNAL   qq: std_logic_vector(3 downto 0);
  BEGIN
  PROCESS(clk)
  BEGIN
    IF r='1' THEN qq<=(others=>'0');
                -- 异步清零就是只要异步复位端R有效，计数器就清零
    ELSIF (clk'event AND clk='1') THEN
                --检测时钟上升沿
        IF en='1' THEN
                --同步使能是使能端en有效的同时还须时钟的上升沿
            IF qq>=9   THEN   qq<="0000";
                --允许计数，检测大于9，计数值清零
```

```
            ELSE  IF   s='1' THEN qq<=d;
                    ELSE qq<=qq+1; END IF; END IF;    --小于9，计
数加1
            ELSE qq<=qq;    END IF;        END IF;
END PROCESS;
q<=qq;
cout<='1' WHEN qq="1001" AND en='1'    ELSE        '0';
                    --计数大于9，输出进位信号
END rtl;
```

（3）异步计数器

所谓异步计数，是指构成计数器的所有触发器的状态不同时发生变化。可以用原理图的方法实现如图 4-4-4 所示的 4 位二进制异步计数器。建立工程，编译仿真并下载。

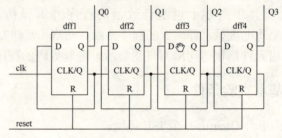

图 4-4-4　异步计数器

2．层次化设计——方法 2

由原理图的方式实现层次化设计，思路清晰、直观，入门简单。当要完成的功能复杂时，图纸就非常大，不好保存，读图也不方便。这时以编程的方式实现较好，文档便于保存。以编程的方式实现层次化设计需要用到元件例化语句，即别人设计好的程序可以当作元件用在自己的程序中，但用前需声明一下。元件例化语句包括两部分：元件定义语句和例化语句。

(1) 元件定义语句：

```
COMPONENT 元件名 IS
    GENERIC (类属表);
    PORT (端口名表);
END COMPONENT 文件名;
```

放在结构体 ARCHITECTURE 的 BEGIN 前，即结构体的说明语句。说明本结构体要用到哪些元件。这些元件就是别人已编写正确的 *.vhd 程序或画好的原理图源文件 *.bdf。

(2) 元件例化语句

```
例化名：元件名 PORT MAP( [端口名 =>] 连接端口名，...) ;
```

在主程序中使用元件例化语句的目的也就是建立一种连接关系，利用特定的语句将程序中用到的元件与当前的设计实体中的指定输入输出端口相连接。

以前面实验的全加器为例。全加器原理图如图 4-3-6 所示，该图可以使用元件例化语句编写，程序实现如图 4-4-5 所示。

```
LIBRARY IEEE; --1位二进制全加器顶层设计描述
USE IEEE.STD_LOGIC_1164.ALL;
ENTITY f_adder IS
    PORT (ain, bin, cin : IN STD_LOGIC;
          cout, sum : OUT STD_LOGIC );
END ENTITY f_adder;
ARCHITECTURE fd1 OF f_adder IS
    COMPONENT h_adder      --调用半加器声明语句
        PORT ( a, b : IN STD_LOGIC;         1.半加器元件定义
               co, so : OUT STD_LOGIC);
    END COMPONENT;
    COMPONENT or2a
        PORT (a, b : IN STD_LOGIC;          2.输入或门元件
              c : OUT STD_LOGIC);
    END COMPONENT;
    SIGNAL d, e, f : STD_LOGIC; --定义3个信号作为内部的连接线。
BEGIN
    u1 : h_adder PORT MAP(a=>ain, b=>bin, co=>d, so=>e);--例化语句
    u2 : h_adder PORT MAP(a=>e, b=>cin, co=>f, so=>sum);   3.个元件例化
    u3 : or2a  PORT MAP(a=>d, b=>f, c=>cout);              语句建立连接
END ARCHITECTURE fd1;
```

图 4-4-5　全加器顶层描述

五、实验指导

1. 学习了十进制计数器，分析下面程序是多少进制？清零端、置数端、使能端分别是同步还是异步？然后进行功能仿真，并画出波形。

```
LIBRARY ieee;
USEd ieee.std_logic_1164.all;
ENTITY con16 is
    PORT( clk,r,s,en :in std_logic;
          d :in std_logic_vector(3 downto 0);
          q :out std_logic_vector(3 downto 0);
          cout: out std_logic;);
END con16 ;
ARCHITECTURE    rtl of con16 is
 SIGNAL    qq: std_logic_vector(3 downto 0);
    BEGIN
     PROCESS(clk)
      BEGIN
        IF r='1' THEN qq<=(others=>'0');
          ELSIF (clk'event AND clk='1') THEN    IF en='1' THEN
             IF   s='1' THEN qq<=d;  ELSIF qq<=qq+1;   END IF;
           ELSIF qq<=qq; END IF;
END PROCESS;
    q<=qq;
    cout<='1' WHEN q="1111" AND  enable='1'  ELSE '0';
END rtl;
```

2. 分析下面层次化程序，CNT4B 元件是异步清零十进制计数器，DECL7S 是七段显示译码器，如图 4-4-6 所示。试着编写二者的 VHDL 程序。

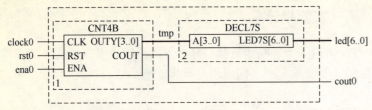

图 4-4-6 自动显示十进制数码顶层框图

3. 下面程序是题 2 的顶层设计描述，把题 2 设计的 CNT4B、DECL7S 元件的源程序放在新建的 jishuyima 文件夹中，新建下面 jishuyima.vhd 程序建立工程，进行编译仿真，下载测试（注 CNT4B、DECL7S 编程时要注意输入输出引脚与下面程序中的元件定义语句是否一致）。

```
LIBRARY   IEEE;
USE IEEE.STD_LOGIC_1164.ALL;
    ENTITY jishuyima IS
        PORT (clock0,rest0,ena0  : IN   STD_LOGIC;
              led  : OUT STD_LOGIC_VECTOR(6 downto 0);
              cout0 : OUT STD_LOGIC );
    END ;
    ARCHITECTURE fd1 OF jishuyima IS
        COMPONENT cnt10
            PORT (clk,rst,en : in std_logic;
                  cq:out std_logic_vector (3 downto 0);
                  cout:out std_logic);
   END COMPONENT ;
   COMPONENT decl7s
        PORT (a: in std_logic_vector (3 downto 0 );
              led7s : out std_logic_vector (6 downto 0 ));
   END COMPONENT ;
SIGNAL tmp   :   STD_LOGIC_vector(3   downto 0);
                           --定义信号作为内部的连接线
BEGIN
   U1 : cnt10 PORT MAP (clock0,rEst0,ena0,tmp,cout0 );
   U2 : decl7s PORT MAP (a=>tmp,led7s=>led);
END ARCHITECTURE fd1;
```

姓名：_____ 学号：_____ 班级：_____ 序号：_____

六、时序电路的设计及层次化设计方法 2 实验报告

1. 源程序

（1）十六进制加法计数器的 VHDL 程序，要求：同步置数，异步清零，带使能端。

（2）异步清零十进制计数器的程序。

（3）7 段显示译码器的程序。

（4）使用元件例化语句编写自动显示十进制数码的程序。

姓名：_____ 学号：_____ 班级：_____ 序号：_____

2．仿真波形及结果分析。

4．测试表。

3．引脚分配选用芯片并进行引脚分配。
芯片型号：

5．实验遇到问题及解决方法。

自动显示十进制数码电路引脚对应：

4.5 宏功能模块的使用

一、实验目的

1. 掌握宏功能模块的使用步骤及方法。
2. 掌握 ROM 的使用。

二、实验任务

1. 定制 ROM，存放产生三角波、正弦波、阶梯波的数据。
2. 编写 VHDL 程序分别实现三角波、正弦波、阶梯波的波形。
3. 编写程序实现一函数发生器，至少实现三种波形。

三、基本实验条件

1. 软件平台 Quartus II 或 ISE 环境。
2. 可编程逻辑器件板 ACEX1K 系列 EP1K100QC208-3（可编程逻辑器件不限型号，但要支持 ROM）。

四、实验原理

宏功能模块与 IP 核的使用如下。

LPM（Library of Parameterized Modules）是参数可设置模块库，可以以图形或 VDHL 形式被调用。使用 Mega Wizard Plug-in Manager 向导来建立或修改 LPM 的设计文件，在顶层文件中调用。以定制 ROM 为例，说明使用过程。

(1) ROM 中要存放数据，定制 ROM 前要把 ROM 中要存放数据先设计好，然后加载到 ROM 中。Quartus II 能接受的 LPM-ROM 的初始化文件有两种格式，Memory Initialization File（.mif）和 Hexadecimal File（.hex）格式。

在"File"菜单中选择"New"选项，在"New"窗口中选择"Other Files"选项，再选择"Memory Initialization File"或"Hexadecimal File"选项，单击"OK"按钮后产生 ROM 数据文件大小选择窗口。如果要存储 64 个 8 位数据，则选择数据数 Number 为 64，数据宽 Word size 为 8 位。单击"OK"按钮将出现空的 mif 或 hex 表格，如图 4-5-1 所示。右击窗口边缘的地址数据即弹出数据和地址的数据格式选择菜单，如图 4-5-1 所示。将数据填入此表中存盘，也存到相应的工程文件夹下。

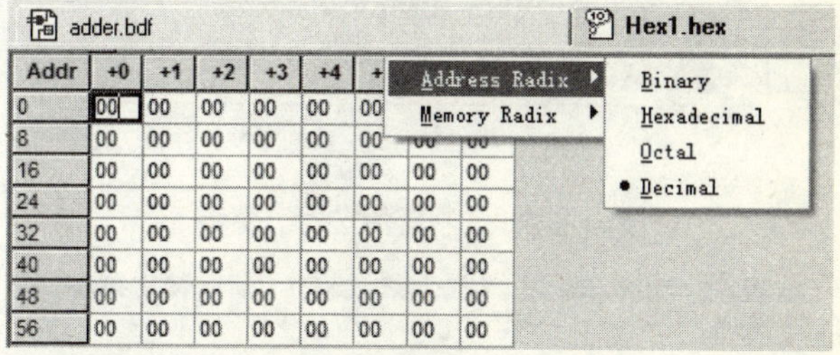

图 4-5-1　mif 或 hex 表格

(2) 定制 ROM 元件。在"Tools"菜单中选择"Mega Wizard Plug-in Manager"，打开如图 4-5-2 所示的对话框，选择"Create a new custom megafunction variation"选项，即定制一个新的模块。单击"Next"按钮后，弹出如图 4-5-3 所示对话框。在左侧栏中选择"storage"下的"LPM_ROM"，右上方选择器件和语言，我们选择 VHDL 语言，然后输入 ROM 文件存放的路径及文件名，单击"Next"按钮，出现如图 4-5-4 所示的对话框，选择 ROM 的控制线、数据线和地址线。在图 4-5-5 中选择地址锁存信号 "inclock"。单击 "Next" 按钮后打开如图 4-5-6 所示的对话框，在 "Do you want to specify the initial content of the memory" 栏选择 "Yes，use this file for the memory content data" 项，并单击 "Browse" 按钮，选择前面建立的 .hex 或 .mif 文件。单击 "Next" 按钮后打开如图 4-5-7 所示的对话框，选择需要生成的文件，单击 "Finish" 按钮。则在相应的文件夹中产生设计的 data_rom.vhd 文件，data_rom.bsf 文件供其他系统调用，如图 4-5-8 所示。

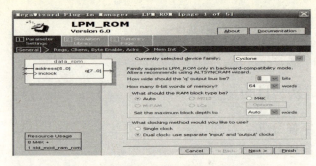

图 4-5-4 选择 ROM 数据线与地址线宽度

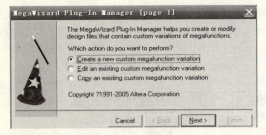

图 4-5-2 定制新的宏功能模块

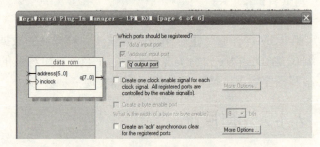

图 4-5-5 选择地址锁存信号 inclock

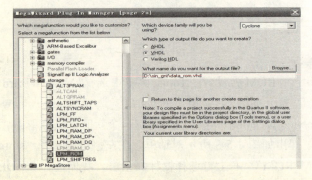

图 4-5-3 LPM 宏功能块设定

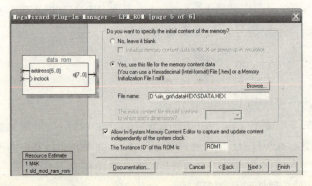

图 4-5-6 调入 ROM 初始化数据文件

第 4 章 基础实验

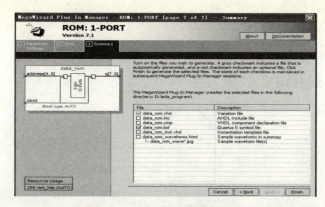

图 4-5-7 产生相应的输出文件

顺序去读取 ROM 中的数据，经 D/A 转换，就可以在示波器上看到所要产生的波形。

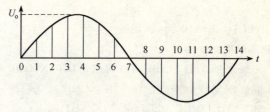

图 4-5-9 正弦波形 n 等分

我们产生最简单的方波波形，对一个周期 64 等分，即周期是时钟周期的 64 倍，占空比 50%。则方波 ROM 存储的 64 个数据如图 4-5-10 所示，建立 datarom.mif 文件。

Addr	+0	+1	+2	+3	+4	+5	+6	+7
0	0	0	0	0	0	0	0	0
8	0	0	0	0	0	0	0	0
16	0	0	0	0	0	0	0	0
24	0	0	0	0	0	0	0	0
32	255	255	255	255	255	255	255	255
40	255	255	255	255	255	255	255	255
48	255	255	255	255	255	255	255	255
56	255	255	255	255	255	255	255	255

图 4-5-10 ROM 存储的方波数据

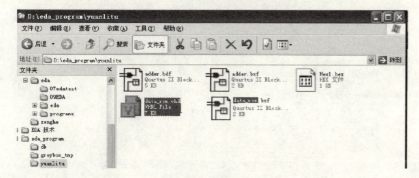

图 4-5-8 自动生成的后缀为 .vhd 和 .bsf 文件

五、实验指导

1. 方波发生模块及其 ROM 定制。

通过编程产生波形的一种常用方法是把波形的一周期在时间轴上离散成 n 等份，如图 4-5-9 所示，算出波形每一时刻在数值轴上的取值，把这些数据按顺序存放在 ROM 中，然后以某一频率的时钟

2. 方波 ROM 的定制。建立一个 64×8，名称为 datarom2 的 ROM。
3. 编写程序接收来自数控分频模块的时钟信号扫描 ROM 产生方波。

```
LIBRARY ieee;
USE ieee.std_logic_1164.ALL;
USE ieee.std_logic_unsigned.ALL;
ENTITY square IS
```

```
PORT(clk,Reset: in   STD_LOGIC;
    q: out STD_LOGIC_VECTOR(7 DOWNTO 0));
END;
ARCHITECTURE rtl OF square IS
COMPONENT datarom2
PORT(address: IN STD_LOGIC_VECTOR (5 DOWNTO 0);
    inclock: IN STD_LOGIC ;
    q: OUT STD_LOGIC_VECTOR (7 DOWNTO 0));
END COMPONENT ;
SIGNAL Q1: STD_LOGIC_VECTOR (5 DOWNTO 0);
BEGIN
PROCESS(clk)
BEGIN
IF Reset = '0' THEN Q1<="000000"; ELSE
IF clk'event AND clk='1'   THEN   Q1<=Q1+1;
END IF;END IF;END PROCESS;
U1:datarom2 PORT MAP(address=>Q1,q=>q,inclock=>clk);
END;
```

4．建立工程，编译仿真，并下载测试（下载测试输出需接 D/A 转换器方能在示波器上观察方波图形，如图 4-5-11 所示）。

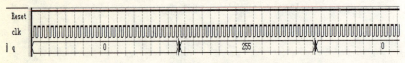

图 4-5-11　方波的仿真波形

六、思考题

如何产生频率，幅值在一定范围可调的函数发生器，频率范围从 1Hz 到 10MHz 又如何实现？

姓名：_____ 学号：_____ 班级：_____ 序号：_____

七、宏功能模块的使用实验报告

1. 建立存放产生三角波、正弦波、阶梯波的 datarom.mif 文件。

2. 定制 256×8 的 ROM。

3．源程序。
实现三角波、正弦波、阶梯波的 VHDL 程序。

4．仿真波形及分析。

姓名：_____ 学号：_____ 班级：_____ 序号：_____

5．选用芯片并进行引脚分配。

芯片型号：

引脚对应：

6．示波器观察波形图。

7．实验遇到问题及解决方法。

4.6 状态机的设计

一、实验目的

1. 掌握状态机的编写方法及使用。
2. 掌握按键长按、短按的 VHDL 程序编写。

二、实验任务

1. 编写程序实现如下功能：用数码管的前 2 位显示一个十位数，变化范围为 00~99，开始时显示 00。两个按键，一个是 "+" 功能，每按一次按键，数值加 1，超过 99，数值重新归 0；一个是 "−" 功能，每按一次，数值减 1，减到 0 后，数值重新归到 99。
2. 编写按键长按、短按状态机的 VHDL 程序。

三、基本实验条件

1. 软件平台 Quartus II 或 ISE 环境。
2. 可编程逻辑器件 ACEX1K 系列 EP1K100QC208-3（可编程逻辑器件不限型号）。

四、实验原理

1. 状态机概念（Finite State Machine，FSM）

要了解什么是状态机，先看一下生活中产品按键的功能和使用。如小时候带过的那种最简单的电子表。虽然只有 2 个按钮，却能实现时间、日期、闹钟时间的设置和查看显示等多种功能。暂且称 2 个按钮为按钮 A 和按钮 B，则电子表的设置功能描述如下：

在显示时间时按 A，屏幕显示变成日期；

在显示日期时按 A，屏幕显示变成秒钟；

在显示秒钟时按 A，屏幕显示变成时间；

在显示秒钟时按 B，秒钟归 0；

在显示时间时按 B，屏幕显示为时间、日期交替显示。

在时间、日期交替显示时按 B，屏幕 "时" 闪烁；

在 "时" 闪烁时按 B，屏幕 "时" 加 1，超过 23 回 0；

在 "时" 闪烁时按 A，屏幕 "分" 闪烁；

在 "分" 闪烁时按 B，屏幕 "分" 加 1，超过 59 回 0；

在 "分" 闪烁时按 A，屏幕 "月" 闪烁；

在 "月" 闪烁时按 B，屏幕 "月" 加 1，超过 12 回 0；

在 "月" 闪烁时按 A，屏幕 "日" 闪烁；

在 "日" 闪烁时按 B，屏幕 "日" 加 1，超过 31 回 0；

在 "日" 闪烁时按 A，屏幕回到时间显示。

再如手机的键盘，就拿手机键盘上的数字键 "2" 来讲，当用手机打电话需要拨出电话号码时，按 "2" 键代表数码 "2"。而使用手机发短信用于输入短信文字信息时（英文输入），第一次按下 "2" 键为字母 "A"，紧接着再次按下为字母 "B"，连续短时间按下该键，它的输入代表的符号不同，但在同一个位置，而稍微等待一段时间后，光标的位置就会右移，表示对最后输入字符的确认。

要实现这样的功能，遵循事先设定的逻辑，从头到尾地执行传统应用程序的顺序流程是无能为力的。因为程序实际流程是根据人的操作而变化的。程序由外部发生的事件来驱动的，运行到什么地方，不是顺序的，也不是事先设定好的，完全取决于按键的实时操作，而按键的组合次序有无数种，无法由应用程序或程序员来控制，根本不可能画出流程图。

事件驱动的应用程序需用状态机的概念实现。状态机是指它们的功能行为可以用有限的状态个数来表示。状态机编程快速简单，易于调试，性能高，与人类思维相似从而便于梳理，灵活且容易修改。在数字电路系统中，有限状态机是一种十分重要的时序逻辑电路模块，对数字系统的设计具有十分重要的作用。一个有限状态机可以说就是一个设备，或是一个模型，具有有限数量的状态。它可以在任何给定时间根据输入进行操作，使得系统从一个状态转换到另一个状态，或者是使一个输出或者一种行为的发生，一个有限状态机在任何瞬间只能处于一种状态。即可以用这样的语句当系统处于某状态（S1）时，如果发生了什么事情（E），就执行某功能（F），然后系统变成新状态（S2）描述，无论有多少多复杂的功能，用状态机的思想去编程就简单多了。由 FPGA 控制一些接口器件，如液晶显示器、串行接口、显示器等，都必须要用状态机的概念才能实现。

状态机可归纳为 4 个要素，即现态、条件、动作、次态。"现态"和"条件"是因，"动作"和"次态"是果。

现态：是指当前所处的状态。

条件：又称为"事件"。当一个条件被满足，将会触发一个动作，或者执行一次状态的迁移。

动作：条件满足后执行的动作。动作执行完毕后，可以迁移到新的状态，也可以仍旧保持原状态。动作不是必需的，当条件满足后，也可以不执行任何动作，直接迁移到新状态。

次态：条件满足后要迁往的新状态。"次态"是相对于"现态"而言的，"次态"一旦被激活，就转变成新的"现态"了。

如果把"现态"和"次态"统一起来，而把"动作"忽略，则只剩下两个最关键的要素，即状态、条件。"动作"是不稳定的，即使没有条件的触发，"动作"一旦执行完毕就结束了；而"状态"是相对稳定的，如果没有外部条件的触发，一个状态会一直持续下去。

2. 状态机的表示方法

状态机的表示方法有多种，可以用文字、图形或表格的形式来表示一个状态机。我们大家都学过数字电路。状态机就可以用在时序电路中学过的"状态图"表示，即一个系统往往由一堆状态组成，从状态 A，通过输入，跳转到状态 B。有了状态图就可以编写状态机了。

编写 FSM 的最重要的是确定需要多少个状态，并且哪几种状态转变（从一种状态到另外一种状态）是可能发生的。完成这项工作没有固定的方法，但设计者一定要认真地思考状态机必须完成什么功能。较好的方法是选择某个特殊状态作为初始状态，即当开启电源或者施加复位信号时电路应该进入的状态。然后确定状态转移的条件，画出状态转换图。

例 4.1 我们想描述玩家控制一个 Hero 打怪练级的程序。这个英雄等级不够没啥经验带上典型的阿 Q 精神，所以基本上只有这三个动作。

巡逻：平时的状态是巡逻，就是漫无目的地走。如果遇到敌人之后打量一下敌人。

攻击：如果敌人比自己弱小，那就打。

逃跑：如果敌人比自己强大，那就跑。其状态图如图 4-6-1 所示。

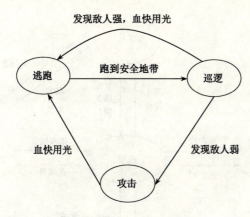

图 4-6-1　打怪状态图

例 4.2　基于状态机的简单按键驱动设计：

在一个系统中，按键的操作是随机的。一般的按键驱动程序通常非常简单。我们把单个按键作为一个简单的系统，根据状态机的原理对其动作的操作和确认的过程进行分析，画出状态图。系统的输入信号与按键连接的 I/O 口电平，"1" 表示按键处于断开状态，"0" 表示按键处于闭合状态。系统的输出信号则表示检测和确认到一次按键的闭合操作，用 "1" 表示。

在图 4-6-2 中，将 1 次按键完整的操作分解为 3 个状态。其中，S0 为按键的初始状态，无键按下则输入为 "1"，表示按键处于断开，输出为 "0"，下一状态仍为 S0，继续等待；当有按键按下则输入为 "0"，表示按键闭合，但输出还是 "0"（没有经过消抖，不能确认按键真正按下），下一状态进入 S1。S1 为按键闭合确认状态，它表示在 10 ms 前按键为闭合的，因此当再次检测到按键输入为 "0" 时，可以确认按键被按下了（经过 10 ms 的消抖）；输出 "1" 则表示确认按键闭合，下一状态进入状态 S2。而当再次检测到按键的输入为 "1" 时，表示按键可能处在抖动干扰；输出为 "0"，下一状态返回到状态 S0。这里利用 S1，实现了按键的消抖处理。S2 为等待按键释放状态，因为只有等按键释放后，一次完整的按键操作过程才算完成。对图 4-6-2 的分析可知，在一次按键操作的整个过程中，按键的状态是从状态 0→状态 1→状态 2，最后返回到状态 0 的，并且在整个过程中，按键的输出信号仅在状态 1 时给出了唯一的一次确认按键闭合的信号 "1"，其他状态均输出 "0"。状态机所表示的按键系统，不仅克服了按键抖动的问题，同时也确保在一次按键的整个过程中，系统只输出一次按键闭合信号（"1"）。

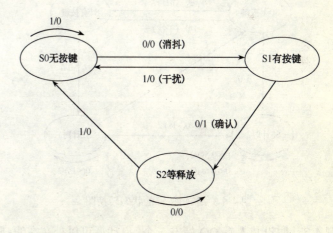

图 4-6-2　简单按键的状态转换图

上面介绍的是最简单的情况,不管按键被按下的时间保持多长,在这个按键的整个过程中都只给出了一次确认的输出。但是有些场合为了方便使用者,根据使用者按按键的时间长短确定不同的操作。例如,在设置时钟时,按按键的时间较短时(短按),设置加 1;按按键时间较长时(长按),设置加 10,这时就需要根据按按键的时间长短来确定具体输出。图 4-6-3 是长短按键的状态转换图。当按键按下后 1s 内释放了,系统输出为 1;当按键按下后 1s 没有释放,那么以后每隔 0.5s,输出为 2,直到按键释放为止。如果系统输出 1,应用程序将变量加 1;如果系统输出 2,应用程序将变量加 10。这样按键驱动就有了处理长按、短按的功能了。

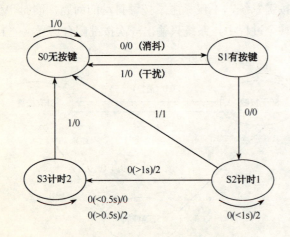

图 4-6-3 长短按键的状态转换图

例 4.3 假设某人有 QQ 好友三个,启动后可以处在在线、隐身、离线、忙碌等状态,如果要和某一个聊天,可以双击好友图像打开交流窗口。其状态图如图 4-6-4 所示。

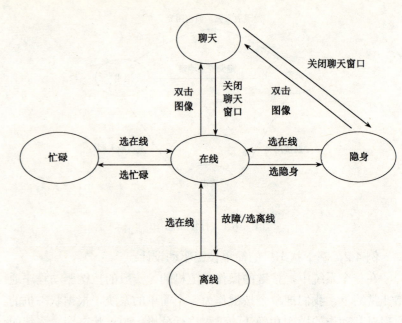

图 4-6-4 QQ 状态转换图

例 4.4 设计序列检测器,从串行数据流中检测输入连续 4 个或 4 个以上的 1 时,输出为 1,否则为 0。

状态分析:有 5 个状态,没有 1,状态 St0;有一个 1,状态 St1;有两个连续的 1,状态 St2;有三个连续的 1,状态 St3;有四个或四个以上连续的 1,状态 St4。

画出状态转换图如图 4-6-5 所示。

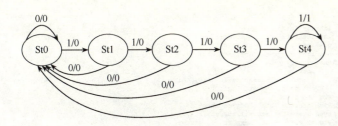

图 4-6-5　序列检测器状态图

例如，上面的电子表校时的部分程序如下。

```
CASE  CURRENT_STATE  is
WHEN  TIME  =>  CURRENT_STAT <=DATE;
              --当显示时间时按下A键，变成显示日期
WHEN  DATE =>CURRENT_STATE<=SEC;
              --当显示日期时按下A键，变成显示秒钟
WHEN  SEC =>CURRENT_STATE<= TIME;
              --当显示秒钟时按下A键，变成显示时间
WHEN  SET_HOUR=>CURRENT_STATE<= SET_MINUT;
              --当设置"小时"时按下A键，变成设置"分钟"
WHEN  SET_MINUT =>CURRENT_STATE<= SET_MONTH；
              --当设置"分钟"时按下A键，变成设置"月"
WHEN  SEC=>Secound<=0;  --当显示秒钟时按下B键，秒归0
WHEN TIME=>CURRENT_STATE<=TIMEDATE;
              --当显示时间时按下B键变成时间日期交替显示
WHEN TIMEDATE=>CURRENT_STATE<=SET_HOUR;
              --当日期交替显示时按下B键，变成设置"时"(时闪烁)
```

```
WHEN SET_HOUR =>          --当设置"时"时按下B键，时加1
  IF  (Hour>23)  THEN  Hour<="0";
      ELSE hour<=Hour+ 1;
      END IF;
```

3. 状态机程序的编写

状态机在数字编程中非常有用，只要状态图画出，编程非常简单，可以有单进程、双进程、三进程三种方式。编写状态机程序，须用到用户自定义数据类型语句，即 TYPE 语句，其定义如下：

（1）自定义数据类型语句：

TYPE 数据类型名 IS 数据类型定义 ；

例如：

TYPE week is(Monday，Tuesday，Wednesday，Thursday，Friday，Saturday，Sunday)；

TYPE state is (st0,st1,st2,st3,st4);

（2）双进程状态机。如图 4-6-6 所示，进程 p1 是时序部分，比较简单，负责在时钟驱动下状态机状态的转换，只要有时钟沿，状态机的状态就发生变化，即把代表次态的 next_st 中的内容送入现态的信号 current_st 中，而具体 next_st 中的内容是什么则由其他进程完成。p2 进程是组合进程，根据外部输入信号，和当前状态确定下一状态的取值，及对外输出或内部其他进程所需的控制信号内容。

双进程状态机输出只与当前状态有关，与输入没有直接关系，又称为摩尔型状态机。特点是：状态机是随外部时钟信号，以同步方式工作的。由于输出是在组合逻辑产生，可能会出现毛刺现象。

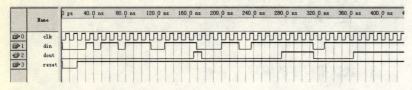

```
1    library ieee;
2    use ieee.std_logic_1164.all;
3    use ieee.std_logic_arith.all;
4    use ieee.std_logic_unsigned.all;
5    entity seq_check is
6      port
7        ( din,clk,reset : in  std_logic;
8          dout: out std_logic );
9    end seq_check;
10   architecture str1 of seq_check is
11   type state is (st0,st1,st2,st3,st4);
12   signal current_st, next_st  :  state;
13   begin
14     p1: process ( clk )
15       begin
16         if reset='0' then current_st<=st0;
17           elsif clk'event and clk='1' then  current_st<=next_st;
18         end if;
19       end process;
20     p2:  process ( din,current_st )
21       begin
22         case current_st is
23           when st0  => dout<='0';  if din='0' then next_st<=st0;else next_st<=st1; end if;
24           when st1  => dout<='0';  if din='0' then next_st<=st0;else next_st<=st2; end if;
25           when st2  => dout<='0';  if din='0' then next_st<=st0;else next_st<=st3; end if;
26           when st3  => dout<='0';  if din='0' then next_st<=st0;else next_st<=st4; end if;
27           when st4  => dout<='1';  if din='0' then next_st<=st0;else next_st<=st4; end if;
28           when others => dout<='0';  next_st<=st0;
29         end case;
30       end process;
31   end str1 ;
```

图 4-6-6 双进程状态机时序及例程

（3）单进程状态机。把时序进程和组合进程放在一个进程中，特点是：输出信号在下一状态出现时，必须等下一个进程，即由时钟沿锁存，等下一个时钟同步输出。优点是：很好地避免了竞争冒险，但输出晚了一个时钟周期。从图 4-6-7 与图 4-6-6 相比，可以看出这一点。

```
1    library ieee;
2    use ieee.std_logic_1164.all;
3    use ieee.std_logic_arith.all;
4    use ieee.std_logic_unsigned.all;
5    entity seq_check is
6      port
7        ( din,clk,reset : in  std_logic;
8          dout: out std_logic );
9    end seq_check;
10   architecture str2 of seq_check is
11   type state is (st0,st1,st2,st3,st4);
12   signal current_st, next_st  :  state;
13   begin
14     p1: process ( clk )
15       begin
16         if reset='0' then current_st<=st0; dout<='0';
17           elsif clk'event and clk='1' then
18             case current_st is
19               when st0 => dout<='0';  if din='0' then next_st<=st0;else next_st<=st1; end if;
20               when st1 => dout<='0';  if din='0' then next_st<=st0;else next_st<=st2; end if;
21               when st2 => dout<='0';  if din='0' then next_st<=st0;else next_st<=st3; end if;
22               when st3 => dout<='0';  if din='0' then next_st<=st0;else next_st<=st4; end if;
23               when st4 => dout<='1';  if din='0' then next_st<=st0;else next_st<=st4; end if;
24               when others => dout<='0';  next_st<=st0;
25             end case;
26         end if; current_st<=next_st;
27       end process;
28   end str2;
```

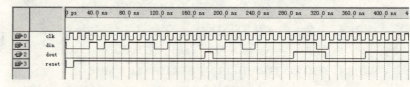

图 4-6-7 单进程状态机时序及程序

（4）三进程状态机。多了一个辅助进程用来配合时序和组合进程。在这里是为了稳定输出数据设置的数据锁存器。比较图 4-6-7 与图 4-6-8，可知结果与单进程状态机一样。

```vhdl
library ieee;
use ieee.std_logic_1164.all;
use ieee.std_logic_arith.all;
use ieee.std_logic_unsigned.all;
entity seq_check is--sanjincheng
    port
       ( din, clk,reset : in std_logic;
         dout: out std_logic );
end seq_check;
architecture str3 of seq_check is
type state is (st0,st1,st2,st3,st4);
signal current_st, next_st  : state;
signal lat_dout: std_logic;
begin
 p1: process ( clk )
   begin
   if reset='0' then current_st<=st0;
      elsif clk'event and clk='1' then  current_st<=next_st; end if;
    end process;
 p2: process (current_st,din )
   begin
    case current_st is
      when st0  => lat_dout<='0'; if din='0' then next_st<=st0;else next_st<=st1; end if;
      when st1 => lat_dout<='0'; if din='0' then next_st<=st0;else next_st<=st2; end if;
      when st2 => lat_dout<='0'; if din='0' then next_st<=st0;else next_st<=st3; end if;
      when st3 => lat_dout<='0'; if din='0' then next_st<=st0;else next_st<=st4; end if;
      when st4 => lat_dout<='1'; if din='0' then next_st<=st0;else next_st<=st4; end if;
      when others => lat_dout<='0';  next_st<=st0;
      end case; end process;
 p3:  process (clk,lat_dout )
   begin
    if clk'event and clk='1' then  dout<=lat_dout;end if;end process;
 end str3;
```

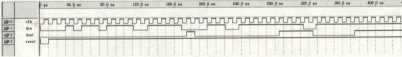

图 4-6-8 三进程状态机时序及程序

五、实验指导

1. 从本节已画出的状态转换图中选择 1 个，编写其状态机程序。

2. 下面以数电作业中的序列检测器为例学习状态机的编写。序列检测器可用于检测一组或多组由二进制码组成的脉冲序列信号，当序列检测器连续收到一组串行二进制码后，如果这组码与检测器中预先设置的码相同，则输出 1，否则输出 0。由于这种检测的关键在于正确码的收到必须是连续的，这就要求检测器必须记住前一次

的正确码及正确序列，直到在连续的检测中所收到的每一位码都与预置数的对应码相同。在检测过程中，任何一位不相等都将回到初始状态重新开始检测。下例描述的电路完成对序列数"11100101"的检测。当这一串序列数高位在前（左移）串行进入检测器后，若此数与预置的密码数相同，则输出"A"，否则仍然输出"B"。

```vhdl
LIBRARY ieee;
USE ieee.std_logic_1164.all;
ENTITY xulie is
    PORT(Din,clk,clr: in std_logic;    --串行数据输入，时钟，复位信号
         AB:out std_logic_vector(3 downto 0));
                                       --检测输出结果
END ;
ARCHITECTURE   behave of xulie is
    SIGNAL Q: integer range 0 to 8;
    SIGNAL D:std_logic_vector(7 downto 0);
                                       --8位待检测预置数据
BEGIN
    D<= " 11100101 "
PROCESS(clk,clr)
BEGIN
IF clr= '1' THEN Q<=0;
ELSIF   clk'  event   AND clk= '1'   THEN
CASE Q is
WHEN 0=> IF Din=D(7) THEN Q<=1;ELSE Q<=0;END IF;
WHEN 1=> IF Din=D(6) THEN Q<=2;ELSE Q<=0;END IF;
WHEN 2=> IF Din=D(5) THEN Q<=3;ELSE Q<=0;END IF;
WHEN 3=> IF Din=D(4) THEN Q<=4;ELSE Q<=0;END IF;
WHEN 4=> IF Din=D(3) THEN Q<=5;ELSE Q<=0;END IF;
WHEN 5=> IF Din=D(2) THEN Q<=6;ELSE Q<=0;END IF;
```

```
WHEN 6=> IF Din=D(1) THEN Q<=7;ELSE Q<=0;END IF;
WHEN 7=> IF Din=D(0) THEN Q<=8;ELSE Q<=0;END IF;
WHEN others => Q<=0;
END CASE;END IF;END PROCESS;
PROCESS(Q)
BEGIN
IF Q=8 THEN AB<= " 1010 ";     --检测正确，输出A
    ELSE AB<= " 1011 ";              --检测错误，输出B
        END IF;END PROCESS;
END;
```

六、思考题

1．列举生活中可以用状态机描述的例子，画出状态转换图，并编程实现。

2．序列检测与密码输入有关系吗？

姓名：_____ 学号：_____ 班级：_____ 序号：_____

七、状态机的设计实验报告

1．画出下面要求功能的状态转换图，并编写程序实现。

用 2 位数码管显示一个十位数，变化范围为 00～99，开始时显示 00。两个按键，一个是"+"功能，每按一次按键，数值加 1，超过 99，数值重新归 0；一个是"-"功能，每按一次，数值减 1，减到 0 后，数值重新归到 99。

2．编写按键长按，短按状态机的 VHDL 程序。

3．仿真波形及结果分析。

姓名：_____ 学号：_____ 班级：_____ 序号：_____

4. 选用芯片并进行引脚分配。

芯片型号：

引脚对应：

5. 测试表。

6. 实验遇到问题及解决方法。

第 5 章 综合实验

5.1 基于 FPGA 的电子琴设计

一、实验目的

1. 掌握 FPGA 层次化的设计方法,学会使用状态机设计。
2. 学会 PS2 接口的使用。
3. 学习数控分频器的设计
4. 建立完整系统设计的概念

二、实验任务

1. 基本实验任务

(1) 实验任务:设计一八音电子琴,8 个按钮式按键,对应中音 1,2,3,4,5,6,7,高音 1,手按住发音,手松开停止发音。
(2) 参数指标:系统时钟 20MHz,

2. 扩展实验任务

(1) 按钮式按键改为非常普遍的 PS2 接口或 USB 接口的普通计算机键盘,输入由 PS2 或 USB 接口的普通键盘实现,键 ZXCVBNM 分别对应低音 1234567,键 ASDFGHJ 对应中音 1234567,键 QWERTYU 对应高音 1234567(也可以自己重新定义),使用该电子琴可以弹奏简单乐曲。
(2) 可以用多余的键实现一些特殊的音,如小号、笛子等;在完成基本要求后,再在扩展要求中选一项或多项进行设计。

三、基本实验条件

1. 软件

软件平台 Quartus II 或 ISE 环境。

2. 硬件

(1) PS2 接口或 USB 接口的普通键盘;
(2) ACEX1K 系列 EP1K100QC208-3 开发板,Cyclone II 系列 EP2C5T144QC208n 开发板,其他公司的开发板也可以。

四、实验指导

1. 实验基础

音乐的十二平均率规定:每两个八度音(如简谱中的中音 1 和高音 1)之间的频率相差一倍。在两个八度音之间,又可分为十二个半音,每两个半音的频率比为 $\sqrt[12]{2}$,音名 A(简谱中的低音 6)的频率为 440Hz,音名 B 到 C 之间、E 到 F 之间为半音,其余为全音,如表 5-1-1 所示。

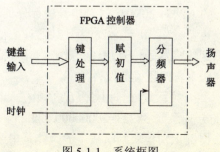

图 5-1-1 系统框图

表 5-1-1 C 调音符与频率对照表

音名	频率（Hz）	音名	频率（Hz）	音名	频率（Hz）
低音 1	261.63	中音 1	523.25	高音 1	1046.5
低音 2	293.67	中音 2	587.33	高音 2	1174.66
低音 3	329.63	中音 3	659.25	高音 3	1318.51
低音 4	349.23	中音 4	698.46	高音 4	1396.92
低音 5	391.99	中音 5	783.99	高音 5	1567.99
低音 6	440	中音 6	880	高音 6	1760
低音 7	493.88	中音 7	987.76	高音 7	1975.52

2．设计思路

FPGA 控制器（框图如图 5-1-1 所示）由 3 个模块组成，键盘输入处理模块、赋初值模块、分频模块，键盘输入处理模块接收按键并根据键码查找要发音的频率初值，赋初值模块根据键处理模块查到的相应按键应发音的频率值赋给数控分频器初值，分频模块按相应初值对时钟进行分频，送给扬声器发声。

3．基本实验任务的实现

（1）实验箱或实验开发板都有 8 个按键，所以不需键处理模块。只需要通过计数的方法对 20MHz 时钟信号进行分频，得到不同音符的频率，送给扬声器发出相应音高。当计数器计数值达到分频系数的一半时，输出到蜂鸣器的信号翻转一次，当计数器计数值等于分频系数时再次翻转来实现正确的发音频率。

$$\text{分频系数}=\text{时钟频率}/\text{音高频率}$$

如中音 1 的分频系数 38223=20000000/523.25，其他如表 5-1-2 所示。赋初值根据键识别模块判断按下的具体是中音 1～7 的哪个键，查出应发什么频率，按分频系数给数控分频器赋初值。因为不管是哪个音分频完成都要用到进位输出给扬声器发声，所以数控分频器计数用的初值是不一样的，结果都是到计满为止，又因在本实验中因最大分频是 76444，$76444_D =12A9C_H=1\ 0010\ 1010\ 1001\ 1100_B$，所以计数器要用 17 位二进制数来计数，即 17 位计满数为 $2^{17}-1=131071_D=1\ 1111\ 1111\ 1111\ 1111_B$。那么实现 76444 分频的计数初值的十进制、十六进制、二进制这样得到，$131071-76444=54627_D = 0\ 1101\ 0101\ 0110\ 0011_B$，其他如表 5-1-2 所示。

表 5-1-2 数控分频器计数初值

音名	频率（Hz）	分频系数	初值（十进制）	初值（十六进制）	初值（二进制）
低音 1	261.63	76444	131071-76444=54627	0D563	0 1101 0101 0110 0011
低音 2	293.67	68104	131071-68104=62967	0F5F7	0 1111 0101 1111 0111
低音 3	329.63	60674	131071-60674=70397	112FD	1 0001 0010 1111 1101
低音 4	349.23	57269	131071-57269=73802	1204A	1 0010 0000 0100 1010
低音 5	391.99	51022	131071-51022=80049	138B1	1 0011 1000 1011 0001
低音 6	440	45455	131071-45455=85616	14E70	1 0100 1110 0111 0000
低音 7	493.88	40496	131071-40496=90575	161CF	1 0110 0001 1100 1111
中音 1	523.25	38223	131071-38223=92848	16AB0	1 0110 1010 1011 0000
中音 2	587.33	34052	131071-34052=97019	17AFB	1 0111 1010 1111 1011
中音 3	659.25	30338	131071-30338=100733	1897D	1 1000 1001 0111 1101
中音 4	698.46	28634	131071-28634=102437	19025	1 1001 0000 0010 0101
中音 5	783.99	25511	131071-25511=105560	19C58	1 1001 1100 0101 1000
中音 6	880	22727	131071-22727=108344	1A738	1 1010 0111 0011 1000
中音 7	987.76	20248	131071-20248=110823	1B0E7	1 1011 0000 1110 0111
高音 1	1046.5	19111	131071-19111=111960	1B558	1 1011 0101 0101 1000
高音 2	1174.66	17026	131071-17026=114045	1BD7D	1 1011 1101 0111 1101

续表

音名	频率(Hz)	分频系数	初值（十进制）	初值（十六进制）	初值（二进制）
高音3	1318.51	15169	131071-15169=115902	1C4BE	1 1100 0100 1011 1110
高音4	1396.92	14317	131071-14317=116754	1C812	1 1100 1000 0001 0010
高音5	1567.99	12755	131071-12755=118316	1CE2C	1 1100 1110 0010 1100
高音6	1760	11364	131071-11364=119707	1D39B	1 1101 0011 1001 1011
高音7	1975.52	10124	131071-10124=120947	1D873	1 1101 1000 0111 0011

（2）键输入模块程序及实体图，如图 5-1-2 所示。

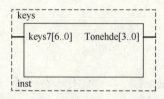

图 5-1-2　键输入模块实体图

```
LIBRARY ieee;
USE ieee.std_logic_1164.all;
USE ieee.std_logic_unsigned.all;

ENTITY keys is
 PORT (
    keys7 : in std_logic_vector( 6 downto 0);
                                --7个按键输入
    ToneIndex : out std_logic_vector(3 downto 0));
                                --对7个按键识别编码
END keys;
ARCHITECTURE one of keys is
BEGIN
PROCESS (keys7)
BEGIN
CASE keys7 is
WHEN "0000000" => ToneIndex <= "0000";--0
WHEN "0000001" => ToneIndex <= "1000";--1
WHEN "0000010" => ToneIndex <= "1001";--2
WHEN "0000100" => ToneIndex <= "1010";--3
WHEN "0001000" => ToneIndex <= "1011";--4
WHEN "0010000" => ToneIndex <= "1100";--5
WHEN "0100000" => ToneIndex <= "1101";--6
WHEN "1000000" => ToneIndex <= "1110";--7
WHEN others => ToneIndex <= "0000";
END CASE;END PROCESS;
END one;
```

（3）赋初值模块程序及实体图，如图 5-1-3 所示。

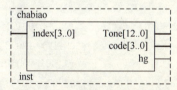

图 5-1-3　赋初值模块实体图

```
LIBRARY ieee;
USE ieee.std_logic_1164.all;
USE ieee.std_logic_unsigned.all;
ENTITY chabiao is
PORT ( index : in std_logic_vector (3 downto 0);
                                --7个按键识别编码
```

```
        Tone   : out std_logic_vector (16 downto 0 ) ;
--按键对应的初值
        code :   out std_logic_vector (3 downto 0);
--对应音的相应显示4位二进制码
        hg    : out std_logic );            --是否高音
END chabiao;
ARCHITECTURE Behavior of chabiao is
  BEGIN
    PROCESS(index)
  BEGIN
    CASE index is
        WHEN "0000" => Tone <="11111111111111111″ ;
            hg <= 'Z'; code <= "0000"; --54627
        WHEN "1000" => Tone <="10110101010110000" ;
            hg <= '1'; code <= "0001"; --92848
        WHEN "1001" => Tone <="10111101011111011" ;
            hg <= '1'; code <= "0010"; --97019
        WHEN "1010" => Tone <="11000100101111101" ;
            hg <= '1'; code <= "0011"; --100733
        WHEN "1011" => Tone <="11001000000100101" ;
            hg <= '1'; code <= "0100"; --102437
        WHEN "1100" => Tone <="11001110010110000" ;
            hg <= '1'; code <= "0101"; --105560
        WHEN "1101" => Tone <="11010011100111000" ;
            hg <= '1'; code <= "0110"; --108344
        WHEN "1110" => Tone <="11011000011100111" ;
            hg <= '1'; code <= "0111"; --110823
        WHEN others => null ;
END CASE ; END PROCESS ;
```

END Behavior ;

（4）数控分频模块程序及实体图，如图 5-1-4 所示。

图 5-1-4　数控分频模块实体图

```
LIBRARY ieee;
USE ieee.std_logic_1164.all;
USE ieee.std_logic_unsigned.all;
ENTITY shufen is
PORT ( clk : in std_logic ;   --20MHz时钟
        Tone : in std_logic_vector (16 downto 0 ); --数控分频初值
        Spks : out std_logic);--扬声器
END shufen;
ARCHITECTURE Behavior of shufen is
SIGNAL fullspks : std_logic ;
  BEGIN
p1: PROCESS ( clk ,Tone)
   VARIABLE count17 : std_logic_vector( 16 downto 0 )  ;
  BEGIN
  IF (clk 'event AND clk='1') THEN
   IF count17 <"11111111111111111" THEN    count17:=count17 + 1;
   fullspks <= '0'; ELSE fullspks <='1';    count17 := Tone;
   END IF;END IF; END PROCESS;
p2: PROCESS (fullspks)
```

```
VARIABLE   count2 : std_logic := '0';
 BEGIN
 IF ( fullspks 'event AND fullspks ='1')   THEN
count2 := not count2;
IF count2 ='1' THEN Spks <= '1';ELSE Spks <= '0';
END IF;END IF;END PROCESS;
END;
```

（5）顶层程序。

```
LIBRARY ieee;
USE ieee.std_logic_1164.all;
ENTITY bayin_dianziqin IS
    PORT
    (  clock20MHz :   IN   STD_LOGIC;
        keys7 :   IN   STD_LOGIC_VECTOR(6 downto 0);
        HIGH1 :   OUT   STD_LOGIC;
        SPKOUT :   OUT   STD_LOGIC;
        CODE1 :   OUT   STD_LOGIC_VECTOR(3 downto 0));
END bayin_dianziqin;
ARCHITECTURE bdf_TYPE OF skm_dianziqin IS
COMPONENT keys
    PORT(keys7 : IN STD_LOGIC_VECTOR(6 downto 0);
        ToneIndex : OUT STD_LOGIC_VECTOR(3 downto 0));
END COMPONENT;
COMPONENT shufen
    PORT(clk : IN STD_LOGIC;
        Tone : IN STD_LOGIC_VECTOR(16 downto 0);
        SpkS : OUT STD_LOGIC);
END COMPONENT;
COMPONENT chabiao
    PORT(index : in std_logic_vector (3 downto 0);
        Tone   : out std_logic_vector (16 downto 0 );
        code   : out std_logic_vector (3 downto 0);
        hg     : out std_logic ););
END COMPONENT;
SIGNAL SYNTHESIZED_WIRE_0 :   STD_LOGIC_VECTOR
        (16 downto 0);
SIGNAL SYNTHESIZED_WIRE_1 :   STD_LOGIC_VECTOR
        (3 downto 0);
BEGIN
b2v_inst : keys      PORT MAP( keys7 => keys7,
                ToneIndex => SYNTHESIZED_WIRE_1);
b2v_inst2 : shufen   PORT MAP(clk => clock20MHz,
                Tone => SYNTHESIZED_WIRE_0,
                SpkS => SPKOUT);
b2v_inst4 : chabiao   PORT MAP(Index => SYNTHESIZED_WIRE_1,
                HG => HIGH1,
                CODE => CODE1,
                Tone => SYNTHESIZED_WIRE_0);
END;
```

4．扩展任务的实现

扩展任务的实现框图如图 5-1-5 所示，与基本实验任务的不同就是输入是由 PS2 接口的普通键盘实现，弹奏时，发音键有高音区、中音区、低音区共对应 21 个键，键 Z、X、C、V、B、N、M 分别对应低音 1、2、3、4、5、6、7，键 A、S、D、F、G、H、J 对应中音 1、2、3、4、5、6、7，键 Q、W、E、R、T、Y、U 对应高音 1、

2、3、4、5、6、7（也可以自己重新定义），使用该电子琴可以弹奏具有高中低音的简单乐曲，如表 5-1-3 所示。重点任务是对 PS2 键盘输入相应的键，编写状态机程序对键码的接收及识别，键码识别完，按下相应的键码应发出相应音色，也就是输出一定的频率对应的赋初值及数控分频。

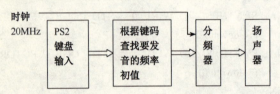

图 5-1-5　扩展任务实现框图

表 5-1-3　音名所对应的键盘按键

音名	键盘按键	音名	键盘按键	音名	键盘按键
低音 1	Z	中音 1	A	高音 1	Q
低音 2	X	中音 2	S	高音 2	W
低音 3	C	中音 3	D	高音 3	E
低音 4	V	中音 4	F	高音 4	R
低音 5	B	中音 5	G	高音 5	T
低音 6	N	中音 6	H	高音 6	Y
低音 7	M	中音 7	J	高音 7	U

赋初值模块，每个音色的分频初始值，音阶发生器是一个 21 个高中低音对应的表，表中存放的是每个音对应的数控分频器（系统板时钟为 20MHz）的初始值。数控分频模块，接受赋初值模块的初始值对 20MHz 的信号进行分频，得到不同音符的频率，送给扬声器发出相应音色。

（1）PS2 接口的普通键盘就是一大型的按键矩阵（PS2 接口的普通键盘的硬件知识见 6.1 节的实验及附录 A），电路板上安装有键盘编码器，如果发现有键被按下或释放将发出扫描码的信息包，扫描码有两种不同的类型：通码和断码。当一个键被按下就发送通码，当一个键被释放就发送断码。每个按键被分配了唯一的通码和断码。这样控制器通过查找唯一的扫描码就可以测定是哪个按键。每个键一整套的通断码组成了扫描码集。所有键盘默认使用第二套扫描码。表 5-1-4 列出了 101、102 和 104 键的键盘的第二套扫描码的部分内容。

表 5-1-4　键盘的第二套扫描码

按键	按下	释放	按键	按下	释放	按键	按下	释放
Z	1a	f0 1a	A	1c	f0 3c	Q	15	f0 15
X	22	f0 22	S	1b	f0 1b	W	1d	f0 1d
C	21	f0 21	D	23	f0 23	E	24	f0 24
V	2a	f0 2a	F	2b	f0 2b	R	2d	f0 2d
B	32	f0 32	G	34	f0 34	T	2c	f0 2c
N	31	f0 31	H	33	f0 33	Y	35	f0 35
m	3a	f0 3a	J	3b	f0 3b	U	3c	f0 3c

对 PS2 键盘发送过来的键的识别，根据时序分析，可以分为初始状态 S0，准备接收数据的状态 S1，连续接收一帧数据的状态 Sup，一帧数据发送完的判断 Sjuadge（缩写 Sj），判断键按下还是键释放的状态 Sjudage1（缩写 Sj1），如果是键释放的情况则还要继续接收一帧数据用来表示 Sn0（与 S0 对应）、Sn1（与 S1 对应）、Snup（与 Sup 对应）状态。状态转换图如图 5-1-6 所示。

第 5 章　综合实验

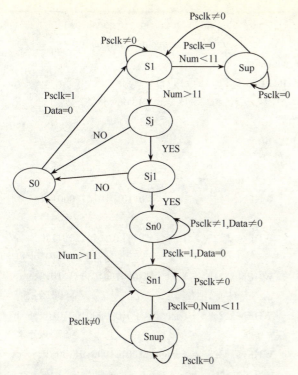

图 5-1-6　PS2 键盘的状态转换图

（2）PS2 键盘的 VHDL 程序如下：

```
LIBRARY ieee;
USE ieee.std_logic_1164.all;
USE ieee.std_logic_unsigned.all;
--clk，20MHz时钟；Psclk，PS2口的时钟，对应PS2的5脚；
--data PS2口的数据引脚，对应PS2的1脚；Q，PS2的键码；
--co表示键的状态，为1按下，为0表示键释放
```

```
ENTITY ps2 is
PORT(clk，psclk，data:in std_logic;
            co:out std_logic;
            q:out std_logic_vector(7 downto 0));
END ps2;
ARCHITECTURE bhv of ps2 is
SIGNAL sclk:std_logic;
SIGNAL reg8,cnt:std_logic_vector(7 downto 0);--有效键码(数据)
SIGNAL reg11:std_logic_vector(10 downto 0);
            --一帧数据，包括起始位，数据，校验，停止位
TYPE state is(s0,s1,sJudage,sJudage1,sN0,sN1,sNup,sUp);
SIGNAL sm :state:=s0;
BEGIN
p1:PROCESS(clk)
    --对20MHz进行512分频，得到周期为25μs的时钟sclk检测键盘的输入
BEGIN
IF(clk'event AND clk='1')THEN
IF(cnt="11111111")  THEN    cnt<=(others=>'0'); sclk<=not sclk;
ELSE   cnt<=cnt+1;END IF;   END IF;
END PROCESS;q<=reg8;
p2: PROCESS(sclk,psclk,data)
VARIABLE num:integer range 0 to 100:=0;
BEGIN
IF(sclk'event AND sclk='1')THEN
CASE sm is
WHEN s0=>   IF(psclk='1' )THEN  IF(data='0')THEN   sm<=s1;
ELSE    sm<=s0;END IF;
ELSE    sm<=s0; END IF;
```

```
        WHEN s1=>    IF(num<11)THEN    IF(psclk='0')THEN
              reg11(num)<=data;sm<=sUp;
              ELSE    sm<=s1;END IF;
              ELSE    sm<=sJudage;  num:=0; END IF;
        WHEN sUp=>    IF(psclk='0')THEN    sm<=sUp;
              ELSE    sm<=s1;num:=num+1; END IF;
        WHEN sJudage=>    IF(reg11(0)='0' AND reg11(10)='1')THEN
reg8<=reg11
              (8downto 1);
              sm<=sJudage1; ELSE    sm<=s0;    END IF;
        WHEN sJudage1=>    IF(reg8=x"f0")THEN    sm<=sN0;   co<='0';
              ELSE    co<='1'; sm<=s0;    END IF;
        WHEN sN0=>    IF(psclk='1' )THEN    IF(data='0')THEN    sm<=sN1;
              ELSE    sm<=sN0;   END IF;
              ELSE    sm<=sN0;   END IF;
        WHEN sN1=>    IF(num<11)THEN    IF(psclk='0')THEN
reg11(num)<=data;
              sm<=sNUp;
              ELSE    sm<=sN1;    END IF;
              ELSE    num:=0;sm<=s0;reg8<=x"00";    END IF;
        WHEN sNUp=>    IF(psclk='0')THEN    sm<=sNUp;
              ELSE    sm<=sN1;num:=num+1;    END IF;
        END CASE;   END IF;    END PROCESS;
        END bhv;
```

（3）依据表 4-1-2 和表 4-1-4 得出各分频初值，赋初值程序如下：

```
        ENTITY chabiao is
        PORT ( reg8    : in std_logic_vector (7 downto 0);
               Tone    : out std_logic_vector (16 downto 0 ) ;
               code :   out std_logic_vector (3 downto 0));
        END chabiao;
        ARCHITECTURE Behavior of chabiao is
        SIGNAL dy,zy,gy: std_logic_vector (3 downto 0);
        BEGIN
        PROCESS(reg8)
        BEGIN
            CASE    reg8   is
                WHEN x"1a" => Tone <="01101010101100011" ;    dy<= '1';
                                --76444分频
                WHEN x"22" => Tone <="01111010111110111" ;    dy <= '2';
                                --68104分频
                WHEN x"21" => Tone <="10001001011111101" ;    dy <= '3';
                                --60674分频
                WHEN x"2a" => Tone <="10010000001001010" ;    dy <= '4';
                                --57269分频
                WHEN x"32" => Tone <="10011100010110001" ;    dy <= '5';
                                --51022分频
                WHEN x"31" => Tone <="10100111001110000" ;    dy <= '6';
                                --45455分频
                WHEN x"3a" => Tone <="10110000111001111" ;    dy <= '7';
                                --40496分频
                WHEN x"1c" => Tone <="10110101010110000" ;    zy <= '1';
                                --38223分频
                WHEN x"1b" => Tone <="10111101011111011" ;    zy <= '2';
                                --34052分频
                WHEN x"23" => Tone <="11000100101111101" ;    zy <= '3';
```

```
                                    --30338分频
    WHEN x"2b" => Tone <="11001000000100101";    zy <= '4';
                                    --28634分频
    WHEN x"34" => Tone <="11001110001011000";    zy <= '5';
                                    --25511分频
    WHEN x"33" => Tone <="11010111100111000";    zy <= '6';
                                    --22727分频
    WHEN x"3b" => Tone <="11011000011100111";    zy <= '7';
                                    --20248分频
    WHEN x"15" => Tone <="11011010101011000";    gy <= '1';
                                    --19111分频
    WHEN x"1d" => Tone <="11011110101111101";    gy <= '2';
                                    --17026分频
    WHEN x"24" => Tone <="11100010010111110";    gy <= '3';
                                    --15169分频
    WHEN x"2d" => Tone <="11100100000010010";    gy <= '4';
                                    --14317分频
    WHEN x"2c" => Tone <="11100111000101100";    gy <= '5';
                                    --12755分频
    WHEN x"35" => Tone <="11101001110011011";    gy <= '6';
                                    --11364分频
    WHEN x"3c" => Tone <="11101100001110011";    gy <= '7';
                                    --10124分频
    WHEN others => null ;
END CASE ;code<=dy or zy or gy;
END PROCESS ;   END Behavior ;
```

（4）音阶发生。该模块将输出的音符译成输出电路的数控分频所需要预置数，并将对应的简谱数码用数码管显示出来，同时根据输出的音符，判断其高、中、低特性，并通过三个 LED 灯显示出来。

```
LIBRARY ieee;
USE ieee.std_logic_1164.all;
USE ieee.std_logic_unsigned.all;
ENTITY   shukongfenpinqi  is
PORT ( clk : in std_logic ;
Tone : in std_logic_vector (16 downto 0 );
Spks : out std_logic);
END    shukongfenpinqi ;
ARCHITECTURE Behavior of shukongfenpinqi    is
SIGNAL fullspks : std_logic ;
BEGIN
PROCESS ( clk ,Tone)
VARIABLE count17 : std_logic_vector( 16 downto 0 )   ;
BEGIN
IF (clk 'event AND clk='1') THEN
IF count17 <"1 1111 1111 1111 1111" THEN    count17:=count17 + 1;
fullspks <= '0';    ELSE   fullspks <='1';   count17 := Tone;
END IF; END IF;END PROCESS;
PROCESS (fullspks)
VARIABLE    count2 : std_logic := '0';
BEGIN
IF ( fullspks 'event AND fullspks ='1')    THEN    count2 := not count2;
IF count2 ='1' THEN Spks <= '1';ELSE Spks <= '0';
END IF;END IF;
```

（5）顶层程序大家可以用原理图（图 5-1-7）或元件例化语句完成。

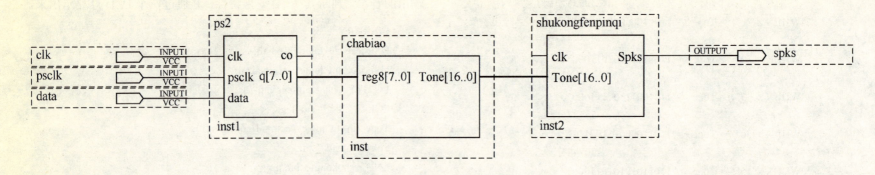

图 5-1-7　扩展功能顶层程序原理图

五、特色创新

趣味性：乐曲播放这个项目接近生活，容易引起学生兴趣，但又不是很容易做的，锻炼学生怎样把现实生活中的问题转化或翻译过来，用电子技术的角度去分析设计。

研究性：普通按键一个键就需要一个口，一个只有高中低音的简单电子琴则需要 24 个键，键不够用了怎么办？PS2 键盘只用两个口就可以使用 100 多个键。熟悉状态机的概念。

六、实验注意事项

1. 系统板的时钟是否是 20MHz，否则分频系数、数控初值都需要相应修改。
2. 扩展任务时扩展板是否有 PS2 接口。

5.2　基于 FPGA 的 MP3 播放电路设计

一、实验目的

1. 掌握 FPGA 层次化的设计方法。
2. 掌握 VHDL 的设计思想。
3. 学会宏功能器件 ROM 的使用。
4. 掌握数控分频器的设计。

二、实验任务

1. 基本实验任务

（1）设计一乐曲播放电路，输入有播放键、复位键、编号选择键。播放键可以自动连续播放所有乐曲；按复位键停止播放。

按选择键，可以指定某一首乐曲播放，同时用数码管显示乐曲编号。

2．扩展实验任务

（1）存放任意拍的曲子。
（2）存放多首乐曲。
（3）可以重复播放乐曲；电子琴弹奏模块。

三、基本实验条件

1．软件

软件平台 Quartus II 或 ISE 环境。

2．硬件

ACEX1K 系列 EP1K100QC208-3 开发板，Cyclone II 系列 EP2C5T144QC208n 开发板，其他公司的开发板也可以。

四、实验指导

1．实验基础

实验基础参考电子琴设计。

2．参考方案

（1）设计思路：系统由 3 个模块组成，U1 键盘处理模块，U2 键自动弹奏模块类似手指，U3 类似于琴弦或音调发声器。系统框图如图 5-2-1 所示。

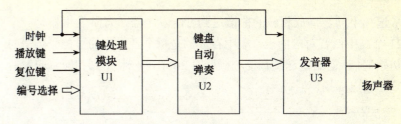

图 5-2-1 乐曲播放电路框图

① U1 键盘处理模块，类似于大脑，由状态机实现，乐曲播放时音符的持续时间须根据乐曲的速度即每个音符的节拍而定。四四拍的全音符为 1 秒，4 分音符持续时间为 0.25 秒，时钟频率为 4Hz 即可。

② U2 相当于一排键，由 U1 的输出控制，相当于手指此时根据大脑控制应该弹奏 U2 的哪个键。所有乐曲存放在 ROM 中，根据 U1 的输出选择 ROM 的地址，在时钟的控制下自动连续读取以存放好的乐谱，根据乐谱选择相应的分频初值，送到下一模块进行分频发音。应该对应有高、中、低 21 个音分频初值。

③ 每个乐谱应发出相应音色，也就是输出一定的频率。U3 就是一个数控分频器，对 20MHz 的信号进行分频，得到不同音符的频率，送给扬声器发出相应音色。

（2）参考方案。

① 具体方案框图如图 5-2-2 所示。

系统板时钟为 20MHz，一方面经分频器得到 4Hz 时钟送计数器，计数器又是 ROM 的地址发生器，在时钟的控制下，产生连续地址读取 ROM 数据。如果复位键有效则 ROM 的地址恢复到零，播放键有效，不选曲子的话，每次从头开始循环播放；如果选取则根据编

EDA 技术及实验教程

号选择不同，播放相应的曲谱送到音阶发生器，音阶发生器是一个 21 个高中低音对应的表，表中存放的是每个音对应的数控分频器的初始值。该初始值送到数控分频器对 20MHz 分频得到相应音应发的频率输出送扬声器。

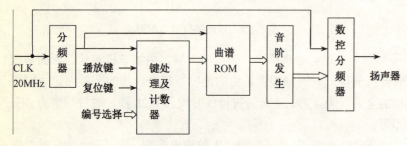

图 5-2-2 具体方案框图

② 定制 ROM。利用 LPM_ROM 宏模块将共设定 512 个音符，每个音符宽度为 5 位，可存放高、中、低三阶 21 个音符的数据。文件名为 music.mif，如图 5-2-3 所示，其中[0..127]存放第一首歌《梁祝》，[127..255]存放第二首歌《上海滩》，[256..383]存放第三首歌《北京欢迎你》，[384..512]存放第四首歌《世上只有妈妈好》。在该数据中，每个字符持续时间为 0.25 秒（由音符控制输出模块的时钟源 4Hz 信号确定），故在根据乐谱中音符的实际持续时间进行编写。如四四拍的则每拍时间为 1 秒，则此处对应数据应该持续四个字符。

③ 键处理模块。该模块利用已定制完成的 music.mif 文件，通过给出 LPM_ROM 的数据地址，使 LPM_ROM 输出对应的音符，再送入音阶发声模块，最终演奏出编好的音乐。

Addr	+0	+1	+2	+3	+4	+5	+6	+7	+8	+9	+10	+11	+12	+13	+14	+15	+16
0	3	3	3	3	5	5	5	6	8	8	8	8	6	8	5	5	12
17	12	12	8	13	12	10	9	9	9	9	9	9	8	10	9	9	9
34	9	10	7	7	6	6	5	6	8	8	8	9	9	3	3	8	
51	8	9	6	5	5	5	5	5	5	5	5	10	9	10	5	5	10
68	7	7	9	9	9	5	5	5	5	5	3	5	3	3	5	5	
85	6	7	9	6	6	6	6	6	6	6	6	8	8	9	12	12	
102	12	10	9	9	5	5	3	3	2	3	5	5	5	6	9	10	10
119	8	6	8	5	5	0	0	0	10	12	10	10	9	10	10		
136	10	9	8	6	10	9	9	6	6	8	8	12	9	10			
153	13	12	5	9	9	5	9	8	10	13	9	10	9	10	9		
170	6	8	10	9	10	10	12	9	10	13	12						
187	5	9	8	6	8	9	10	9	10	13	12						
204	10	10	10	10	10	10	10	10	12	12	9	10	10	12	10	10	9
221	9	10	10	9	9	8	9	10	10	10	12	9	6	8	0	0	
238	9	9	8	9	9	9	9	9	10	12	15	0	0				
255	0	10	12	13	13	13	13	13	12	9	9	9	9				
272	10	13	13	15	15	13	13	12	13	8	9	9					
289	10	12	12	12	9	9	6	6	5	6	6	12	13				
306	9	9	10	9	6	5	5	5	5	5	5	6	12	13			
323	13	13	13	10	13	12	13	12	8	8	9	9					
340	10	8	8	6	6	6	6	0	0	0	0	0	0	0			
357	9	10	8	7	6	8	8	0	15	13	15	15	15				
374	15	15	13	12	12	0	0	15	15	13	13	13					
391	13	12	15	12	12	10	12	10	9	6	6	9	9				
408	9	9	9	8	12	12	13	10	10	9	9	5	5	5	5	5	5
425	5	12	12	10	9	6	6	5	5	3	5	6	5	5	6	8	8
442	12	13	10	8	6	6	5	6	6	8	8	8	10	12	10		
459	12	13	13	13	12	9	10	10	10	12	10	10	10				
476	9	9	9	9	10	9	9	8	8	9	8	10	10	9	10		
493	8	8	8	12	12	10	9	8	6	6	5	5	5	0	0	0	0
510	0	0															

图 5-2-3 music.mif 内容

VHDL 语句描述如下：
LIBRARY ieee;
USE ieee.std_logic_1164.all;
USE ieee.std_logic_unsigned.all;
ENTITY notetabs is
PORT(clk,rst,play:in std_logic;
choose:in std_logic_vector (1 downto 0);
toneindex:out std_logic_vector (4 downto 0));
END;
ARCHITECTURE one of notetabs is

```vhdl
COMPONENT music
PORT( address:in std_logic_vector(8 downto 0);
inclock:in std_logic;
q:out std_logic_vector(4 downto 0));
END COMPONENT;
SIGNAL counter:std_logic_vector(8 downto 0);
SIGNAL tmp:std_logic_vector(8 downto 0):="000000000";
BEGIN
u2: PROCESS(clk,play,choose,counter,tmp) --ROM地址控制输出进程
BEGIN
IF rst='1' THEN tmp<="000000000";
ELSIF(clk'event AND clk='1') THEN
IF play='1' THEN
IF tmp>=512 THEN tmp<="000000000";
ELSIF choose="00" THEN counter<=tmp;tmp<=tmp+1;
ELSIF choose="01" THEN counter<=tmp+127;tmp<=tmp+1;
ELSIF choose="10" THEN counter<=tmp+255;tmp<=tmp+1;
ELSIF choose="11" THEN counter<=tmp+383;tmp<=tmp+1;
END IF;
ELSE counter<=tmp;tmp<=tmp+1;
END IF; END PROCESS;
u1: music PORT map (address=>counter,q=>toneindex,inclock=>clk);
END;
```

④ 音阶发声模块。该模块将 NOTETABS 输出的音符译成输出电路的数控分频所需要预置数,并将对应的简谱数码用数码管显示出来,同时根据输出的音符,判断其高、中、低特性,并通过三个 LED 灯显示出来。

其计算公式如下:由于所设计的数控分频计采用 12MHz 作为时钟源,并通过一次 12 分频给出频率为 1MHz 的脉冲溢出信号,再对该 1MHz 的溢出信号进行 12 位二进制码的带预置数进行计数,并给出一个频率随预置数变化的脉冲信号。由于该脉冲信号不具有驱动蜂鸣器的能力,因此对此脉冲信号进行 2 分频以推动蜂鸣器发声,故最终输出信号的频率与预置数的关系如下:

$$x = 2048 - (\frac{10^6}{f_m \times 2})$$

其中,f_m 为音阶对应的频率。

VHDL 语句描述如下:

```vhdl
LIBRARY ieee;
USE ieee.std_logic_1164.all;
ENTITY tonetaba is
PORT(index:in std_logic_vector (4 downto 0);
code:out std_logic_vector(3 downto 0);
high:out std_logic_vector(2 downto 0);
tone:out std_logic_vector(10 downto 0));
END;
ARCHITECTURE one of tonetaba is
BEGIN
PROCESS(index)
BEGIN
CASE index is
    WHEN"00000"=>tone<="11111111111";code<="0000";high<="000";
            --0/2047
    WHEN"00001"=>tone<="00010001000";code<="0001";high<="001";
            --L1/136
    WHEN"00010"=>tone<="00101011000";code<="0010";high<="001";
            --L2/344
    WHEN"00011"=>tone<="01000010010";code<="0011";high<="001";
            --L3/530
    WHEN"00100"=>tone<="01001101000";code<="0100";high<="001";
            --L4/616
```

```
WHEN"00101"=>tone<="01100000011";code<="0101";high<="001";
    --L5/771
WHEN"00110"=>tone<="01110001111";code<="0110";high<="001";
    --L6/911
WHEN"00111"=>tone<="10000001100";code<="0111";high<="001";
    --L7/1036
WHEN"01000"=>tone<="10001000011";code<="0001";high<="010";
    --M1/1091
WHEN"01001"=>tone<="10010101011";code<="0010";high<="010";
    --M2/1195
WHEN"01010"=>tone<="10100001000";code<="0011";high<="010";
    --M3/1288
WHEN"01011"=>tone<="10100110011";code<="0100";high<="010";
    --M4/1331
WHEN"01100"=>tone<="10110000001";code<="0101";high<="010";
    --M5/1409
WHEN"01101"=>tone<="10111001000";code<="0110";high<="010";
    --M6/1480
WHEN"01110"=>tone<="11000000101";code<="0111";high<="010";
    --M7/1541
WHEN"01111"=>tone<="11000100010";code<="0001";high<="100";
    --H1/1570
WHEN"10000"=>tone<="11001010110";code<="0010";high<="100";
    --H2/1622
WHEN"10001"=>tone<="11010000100";code<="0011";high<="100";
    --H3/1668
WHEN"10010"=>tone<="11010011001";code<="0100";high<="100";
    --H4/1689
WHEN"10011"=>tone<="11011000000";code<="0101";high<="100";
    --H5/1728
WHEN"10100"=>tone<="11011100011";code<="0110";high<="100";
    --H6/1763
```

```
WHEN"10101"=>tone<="11100000000";code<="0111";high<="100";
    --H7/1792
WHEN others=>null;
END CASE;END PROCESS;END;
```

⑤ 数控分频模块SPEAKERA。该模块主体为一个12位的可预置数计数器。其通过NOTETABS得到预置数，并对此进行计数。当计满时便给出一个溢出信号。再对此溢出信号进行二分频得到能驱动蜂鸣器且频率符合21个音阶的频率，由此发出不同信号。

其VHDL语言描述如下：

```
LIBRARY ieee;
USE ieee.std_logic_1164.all;
USE ieee.std_logic_unsigned.all;
ENTITY speakera is
PORT(clk:in std_logic;
    tone:in std_logic_vector(10 downto 0);
    spks:out std_logic);
END;
ARCHITECTURE one of speakera is
    SIGNAL preclk,fullspks:std_logic;
BEGIN
divideclk:PROCESS(clk)
        --对12MHz时钟源进行12分频，输出1MHz的脉冲信号。
    VARIABLE count4:std_logic_vector(3 downto 0);
BEGIN
preclk<='0';
IF count4>11 THEN preclk<='1';count4:="0000";
ELSIF clk'event AND clk='1' THEN count4:=count4+1;
END IF;END PROCESS;
genspks:PROCESS(preclk,tone)--12位预置数数控分频器
    VARIABLE count11:std_logic_vector(10 downto 0);
BEGIN
```

```
IF preclk'event AND preclk='1' THEN
    IF count11="11111111111"THEN count11:=tone; fullspks<='1';
    ELSE count11:=count11+1;fullspks<='0';
    END IF;END IF;
END PROCESS;
delayspks:PROCESS(fullspks)--2分频，蜂鸣器推动电路。
    VARIABLE count2 :std_logic;
    BEGIN
    IF fullspks'event AND fullspks ='1' THEN count2:=not count2;
    IF count2='1' THEN spks<='1';
    ELSE spks<='0';END IF;END IF;
END PROCESS;END;
```

⑥ 顶层程序：

```
LIBRARY ieee;
USE ieee.std_logic_1164.all;
ENTITY mp3_music IS
PORT( clock20MHz : in    std_logic;
RST ,K: in    std_logic;
CHOOSE : in    std_logic_vector (1 downto 0);
code:out std_logic_vector(3 downto 0);
high:out std_logic_vector(2 downto 0);
spkout :    in std_logic);
END mp3_music;
ARCHITECTURE    w1 OF mp3_music IS
COMPONENT notetabs
PORT(clk,rst,k:in std_logic;
choose:in std_logic_vector (1 downto 0);
toneindex:out std_logic_vector (4 downto 0));
END COMPONENT;
COMPONENT tonetaba
PORT(index:in std_logic_vector (4 downto 0);
code:out std_logic_vector(3 downto 0);
high:out std_logic_vector(2 downto 0);
tone:out std_logic_vector(10 downto 0));
END COMPONENT;
COMPONENT speakera
PORT(clk:in std_logic;
tone:in std_logic_vector(10 downto 0);
spks:out std_logic);
END COMPONENT;
SIGNAL s1 : std_logic_vector (4 downto 0);
SIGNAL s2:    std_logic_vector (10 downto 0);
BEGIN
u1: notetabs PORT map
(clk=>clock20MHz,rst=>RST,k=>K,choose=>CHOOSE, toneindex=>s1);
u2: tonetaba PORT map( index =>s1 , code=>code,high=>high,tone=>s2);
u3: speakera PORT map( clk => clock20MHz,tone =>s2,spks=>spkout0);
END;
```

时序仿真波形图如图 5-2-4 所示。

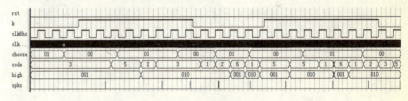

图 5-2-4　整体仿真波形

五、特色创新

趣味性：MP3 播放器这个项目接近生活，非常好玩，但又不是很容易做的，锻炼学生怎样把现实生活中的问题转化或翻译过来，用电子技术的角度去分析设计，去完成，很有成就感。

研究性：四四拍的乐曲自动播放比较简单，其他拍的乐曲，或不是很规则的音处理就比较麻烦，也就是非常婉转的音色的处理。再就是像真正的播放器加上前进，后退键又如何处理。需要同学认真处理。

5.3 基于 FPGA 的 VGA 显示

一、实验目的

1. 掌握 FPGA 层次化的设计方法，掌握 VHDL 的设计思想。
2. 学会 VGA 显示器接口的使用。
3. 学会宏功能器件 RAM 的使用。
4. 掌握状态机的设计。

二、实验任务

1. 基本实验任务

根据 VGA 视频信号时序，利用 FPGA 控制产生视频信号，在普通彩色显示器上显示 8 色竖彩条、横彩条、棋盘形图像。

2. 扩展实验任务

显示静态图片。

三、基本实验条件

1. 软件

软件平台 Quartus II 或 ISE 环境。

2. 硬件

（1）普通显示器。
（2）ACEX1K 系列 EP1K100QC208-3 开发板，Cyclone II 系列 EP2C5T144QC208n 开发板，其他公司的开发板也可以，需带有显示器接口。

四、实验指导

1. 基础

（1）像素。显示器上输出的一切信息，包括数值、文字、表格、图像、动画等，都是由光点（即像素）构成的。组成屏幕显示画面的最小单位是像素，像素之间的最小距离为点距（Pitch）。点距越小像素密度越大，画面越清晰。显示器的点距有 0.31mm、0.28mm、0.24mm、0.22mm 等多种。

（2）分辨率。分辨率指整屏显示的像素的多少，是衡量显示器的一个常用指标。这同屏幕尺寸及点距密切相关，可用屏幕实际显示的尺寸与点距相除来近似求得。点距为 0.28mm 的 15 英寸显示器，分辨率最高为 1024×768。

（3）色彩原理。显示器 RGB 色彩模式是工业界的一种颜色标准，是通过对红（R）、绿（G）、蓝（B）三个颜色通道的变化以及它们相互之间的叠加来得到各式各样的颜色的，RGB 即是代表红、绿、蓝三个通道的颜色，分别由 8（或 16，24）位二进制数表示，如果 VGA 显示真彩色 BMP 图像，则要 R、G、B 三个分量各 8 位，即 24 位表示一个像素值，很多情况下还采用 32 位表示一个像素值。为了节省显存的存储空间，可采用高彩色图像，即每个像素值由 16 位表示，R、G、B 三个分量分别使用 5 位、6 位、5 位，比真彩色图像数据量减少一半，同时又能满足显示效果。每个通道共有 2^8=256 种亮度，显示卡内的 D/A（数/模）转换电路将每个像素的位宽（二进制整数）转换成对应亮度的 R、G、B（红、绿、蓝）模拟信号，控制屏幕上相应的三色荧光点发光，产生所要求的颜色。这种模式称为加色模式。通常使用的电视屏幕和电脑屏幕上的显示就是这样的模式，在没有图像时，屏幕是黑的，若 R、G、B 三色亮度都为 255 时混合叠加打在屏幕上时则显示成白色。就是加起来是白色的意思，称为加色模式。这个标准几乎包括了人类视力所能感知的所有颜色，是目前运用最广的颜色系统之一。而计算机显示器大都采用 RGB 颜色标准。

（4）扫描方式。常见的彩色显示器一般由阴极射线管(CRT)构成，彩色由 GRB(Green Red Blue)基色组成。显示采用逐行扫描的方式解决，阴极射线枪发出电子束打在涂有荧光粉的荧光屏上，产生 GRB 基色，合成一个彩色像素。扫描从屏幕的左上方开始，从左到右，从上到下，逐行扫描，每扫完一行，电子束回到屏幕的左边下一行的起始位置，在这期间，CRT 对电子束进行消隐，每行结束时，用行同步信号进行行同步；扫描完所有行，用场同步信号进行场同步，并使扫描回到屏幕的左上方，同时进行场消隐，并预备进行下一次的扫描。

完成一行扫描所需时间称为水平扫描时间，其倒数称为行频率；完成一帧（整屏）扫描所需的时间称为垂直扫描时间，其倒数为垂直扫描频率，又称刷新频率，即刷新一屏的频率。常见的有 60Hz、75Hz 等，标准 VGA 显示的场频为 60Hz，行频为 31.5kHz。

（5）VGA(Video Graphics Array)视频图形阵列接口。也称为 D-Sub 接口，作为一种标准的显示接口得到广泛的应用，一般有专用芯片，本实验采用 FPGA（现场可编程门阵列）控制 VGA 接口，可以将要显示的数据直接送到显示器。虽然液晶显示器可以直接接收数字信号，但很多低端产品为了与 VGA 接口显卡相匹配，因而采用 VGA 接口。VGA 接口是一种 D 型接口，上面共有 15 针，分成 3 排，每排 5 个。显示卡插在系统板的扩展槽内，通过电缆连接到机箱背面的 15 针 D 型插座连接器上。某些高档的主板内置了显示卡的功能。CRT 显示器背面有一个与显示器连接好的视频电缆，电缆的末端是 15 针插入式连接器，使用时将它直接插入主机机箱背面的 15 孔 D 型插座上即可，如图 5-3-1 所示。

15 针输出线，有 5 个有用的信号，分别是 GRB 三基色信号，HS 行同步信号，VS 场同步信号，程序的显示模式遵循 VGA 工业标准（640×480×60）Hz。

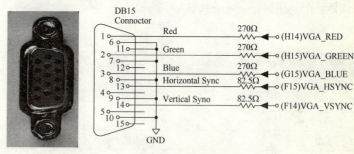

图 5-3-1 VGA 接口

（6）显示带宽。带宽是指显示器可以处理的频率范围。如 VGA 的分辨率是 640×480，刷新频率是 60Hz，其带宽达 640×480×60=18.4MHz；SVGA 的分辨率是 1024×768，刷新频率是 70Hz，其带宽达 1024×768×70=55.1MHz。

时钟频率：以 640×480×59.94Hz（60Hz）为例，每场对应 525 个行周期（525=10+2+480+33），其中 480 为显示行，每场有场同步信号，该脉冲宽度为 2 个行周期的负脉冲。每显示行包括 800 个点时钟，其中 640 点为有效显示区，每一行有一个行同步信号，该脉冲宽度为 96

个点时钟如表 5-3-1 所示。由此可知，按每秒 60 帧的刷新速度，所需的时钟频率为 60Hz(帧数)×525(行)×800(每一行像素数)=25.2MHz。每个像素需要显示的颜色存储在单口 ROM 中，每种颜色用 1 个字节表示，则如果要显示 800×600 分辨率，则需要 800×600 字节（480KB）的单口 ROM，由于 FPGA 内部没有这么大的 ROM（用的是 EP2C8），因此需要把屏幕上 100×100 个像素组成的矩形作为一个逻辑像素（即显示同一种颜色），这样只要 8×6 字节（48 字节），用 FPGA 自带的 ROM 是很容易实现的。将全屏划分成 8×6 的方格，每个方格的颜色存储在 ROM 中，VGA 控制器不断产生行坐标（ROM 水平地址）和场坐标（ROM 垂直地址），最后组合成 ROM 实际地址输入 ROM 中，ROM 输出该地址的颜色值，显示在 VGA 中。

表 5-3-1　VGA 同步信号

行同步信号（HS）		帧同步信号（VS）	
时序名称	时钟数（像素数）	时序名称	行数
前沿	8	前沿	2
行同步	96	帧同步	2
后沿	40	后沿	25
左边界	8	上边界	8
数据	640	数据	480
右边界	8	底边界	8
总像素数	800	总行数	525

2. 设计方案

如图 5-3-2 所示，该系统实现的目标是将数据源写入视频存储器中的视频数据通过 FPGA 输出给 VGA 显示器，从而得到预期的视频显示。FPGA 作为整个设计的核心，负责产生正确的行同步信号和场同步信号输出给 VGA 显示器，使 VGA 显示器能够正确地同步，负责进行水平、垂直计数，并将计数器的值或行、场同步信号转换成存储器的地址数据输出给视频存储阵列，使视频存储阵列能够正确地输出图像的颜色信息，负责根据同步时序控制 D/A 转换器及时地把视频存储阵列输出的颜色的数字量转换成模拟量送给 VGA 显示器。

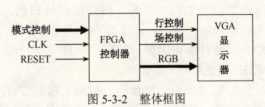

图 5-3-2　整体框图

FPGA 控制器主要包含两个模块：时序生成模块和地址产生模块。

CLK 引脚是整个系统需要的唯一的外部时钟，为 50MHz 的时钟频率，FPGA 内部进行二分频后使用。RESET 是整个系统的复位端。最后是整个系统的输出与 VGA 接口的连接。将行同步信号（Hs）与 VGA 接口的 13 脚连接，场同步信号(Vs)与 14 脚相连，D/A 转换阵列的 R 分量与 1 脚连接，G 分量与 2 脚，B 分量与 3 脚连接就可以完成整个系统的连接工作。

FPGA 控制器根据外部时钟 CLK 进行计数，并根据计数器的值来确定行、场所处的位置，并依此产生以下信号：行同步信号（Hs），场同步信号（Vs），地址信号和输出允许信号。其中，行同步信号和场同步信号是严格的周期信号，直接送给通过 VGA 接口相连的 VGA 显示器做同步使用。只要连接这两个信号就完全可以点亮显示器，只不过在显示器上没有任何的颜色信息。输出允许端一共有两个，一个是视频存储阵列的输出允许端,它控制视频存储阵列锁存地址线上的地址对应单元的数据,另外一个输出允许端是控制 D/A 转换阵列的。

视频存储阵列是由三块容量和参数一样的双口 RAM 堆叠而成的,三块 RAM 是独立的并列关系。它们每一块负责存储三原色中一种颜色的数字量。三块 RAM 分别存储红(R)、绿(G)、蓝(B)分量。双口 RAM 输入端的地址和数据全部来自 FPGA 或外部的数据采集源,输出端的地址由 FPGA 产生,而数据则直接输出给视频 D/A 转换阵列。

3. 时序产生模块

时序产生的目的是根据外部时钟进行水平和垂直计数,并根据计数值进行判断,若此时在消隐区,需要把有效显示信号 ShZone 设为低电平。并要判断是否是同步时间,若是,则在行同步或场同步信号上输出同步脉冲。

时序产生模块主要有水平(行点数)计数器和垂直(场行数)计数器。水平计数器的计数脉冲是外部时钟 CLK,是 800 进制计数器;而垂直计数器的计数脉冲是行同步信号 Hs 的同步头,是 525 进制计数器。

图 5-3-3 所示是计算机 VGA(640×480,60Hz)图像格式的信号时序图。图中,VSYNC 为场同步信号,场周期 T_{VSYNC}=16.683 ms,每场有 525 行,其中 480 行为有效显示行,45 行为场消隐期。场同步信号 Vs 中每场有 1 个脉冲,该脉冲的低电平宽度 t_{WV}=63μs(2 行)。场消隐期包括场同步时间 t_{WH}(2 行)、场消隐前肩 t_{HV}(13 行)、场消隐后肩 t_{VH}(30 行),共 45 行。行周期 T_{HSYNC}=31.78μs,每显示行包括 800 点。其中,640 点为有效显示区,160 点为行消隐期(非显示区)。行同步信号 Hs 中每行有一个脉冲,该脉冲的低电平宽度 t_{WV}=3.81μs(即 96 个 DCLK);行消隐期包括行同步时间 t_{WH},行消隐前肩 t_{HC}(19 个 DCLK)和行消隐后肩 t_{CH}(45 个 DCLK),共 160 个点时钟。复合消隐信号是行消隐信号和场消隐信号的逻辑与,在有效显示期复合消隐信号为高电平,在非显示区域它是低电平。

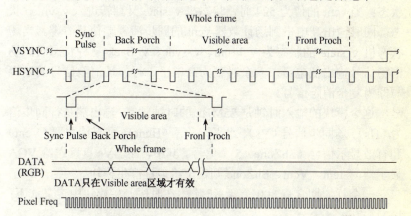

图 5-3-3　VGA 图像格式的信号时序图

水平计数器 hcnt 对 25 MHz 的点时钟进行计数,如果以有效显示为初始状态,当行计数器 hcnt 的计数值到达 639 时,行同步即进入行消隐前肩 h_front 状态;当 hcnt 的计数值为 663 时,行同步状态机进入行同步状态 h_sync,此时,行同步信号 Hs 输出低电平。当 hcnt 的计数值为 759 时,状态机即进入行消隐后肩 h_back 状态;当行状态机为 h_front,h_sync,h_back 状态时,行消隐信号输出低电平。当 hcnt 的计数值为 799 时,行同步状态机进入 h_video 状态,同时,行计数器的同步复位信号为高电平,使行计数器复位。

场计数开始时进入 v_video 状态，对应每场的有效显示行，场计数器 vcnt 的计数值每行加 1。当场计数器的计数值到达 479 时，场状态机翻转，进入场消隐前肩 v_ront 状态；当 vcnt 的值为 497 时，状态机 v_state 进入场同步状态 v_sync，场同步信号 Vs 此时输出低电平；当 vcnt 的值为 499 时，状态机 v_state 进入场消隐后肩 v_back 状态；当 vcnt 的值为 524 时，状态机 v_state 又翻转进入 v_video 状态，同时输出高电平到场计数器 vcnt 的同步清零端使其清零。当场状态机 v_state 的状态为 v_Front、v_sync、v_Back 三种状态时，场消隐信号输出低电平，其余时刻为高电平。行、场消隐信号的逻辑与即为复合消隐信号。

这个模块的输入时钟是 25MHz 的时钟频率，输出端是行同步信号（Hs）、场同步信号（Vs）、水平计数器（Hcnt）、垂直计数器（Vcnt）和有效显示信号（ShZone）5 个信号。其中，Hs、Vs 直接送给 VGA 显示器，Hcnt、Vcnt、ShZone 则输出给地址产生模块。

一个行周期含有 800 个像素时钟，在时序产生模块中定义如下：

```
CONSTANT   H_PIX:INTEGER:=640       ----行数据区
CONSTANT   H_FRONT:INTEGER:=16;     -----行消隐前肩
CONSTANT   H_BACK:INTEGER:=48;      ------行消隐后肩
CONSTANT   H_SYNC:INTEGER:=96;      -------行同步头
CONSTANT   H_TIME:INTEGER:=H_SYNC+H_PIX+H_FRONT+H_BACK;
```

行点数计数器是一个 10 位的向量信号（800 进制计数器），定义如下：

```
SIGNAL   hcnt:std_logic_vector(9 downto  0);
```

场行数计数器是一个 10 位的向量信号（525 进制计数器），定义如下：

```
SIGNAL   vcnt:std_logic_vector(9 downto  0);
```

根据水平计数器的值决定了行同步信号（Hs）和有效显示信号（enable）。

行同步信号 Hs 信号变化如下：

```
IF(hcnt>=(H_PIX+H_FRONT) AND hcnt<(H_PIX+H_SYNC+H_FRONT)) THEN
    Hs<='0';ELSE    Hs<='1';
```

有效显示信号 ShZone 信号变化如下：

```
IF  hcnt>=H_PIX  or  vcnt>=v_pix  THEN  enable <='0';
ELSE    enable<='1'; END IF;
```

完整时序控制模块的 VHDL 程序如下：

```
LIBRARY IEEE;
USE IEEE.STD_LOGIC_1164.ALL;
USE IEEE.STD_LOGIC_UNSIGNED.ALL;
ENTITY vga_con IS
        PORT (CLK,reset: in std_logic;
                HS:buffer std_logic;
                VS,enable: out std_logic;
                hc,vc: out std_logic_vector(9 downto 0));
END vga_con;
ARCHITECTURE   behave   OF   vga_con IS
SIGNAL HS1,VS1,enable1,hclk,vclk: STD_LOGIC;
SIGNAL hcnt: STD_LOGIC_VECTOR(9 DOWNTO 0);
SIGNAL vcnt: STD_LOGIC_VECTOR(9 DOWNTO 0);
CONSTANT H_PIX :INTEGER:=640;
CONSTANT H_FRONT :INTEGER:=16;
CONSTANT H_BACK :INTEGER:=48;
CONSTANT H_SYNC :INTEGER:=96;
```

```vhdl
CONSTANT H_TIME:INTEGER:=H_PIX+H_FRONT+H_BACK+H
         _SYNC;
CONSTANT V_pix:integer:=480;
CONSTANT V_front:integer:=10;
CONSTANT V_sync:integer:=2;
CONSTANT V_back:integer:=33;
CONSTANT v_time:integer:=v_pix+v_front+v_sync+v_back;
BEGIN
p1: PROCESS ( CLK,reset)
   BEGIN
   IF (reset='0')THEN hcnt <="0000000000";
   ELSIF (CLK'EVENT AND CLK='1')THEN
   IF (hcnt <H_TIME) THEN hcnt<=hcnt+1;
      ELSE hcnt <= "0000000000";
   END IF;END IF;
   END PROCESS;
p2:PROCESS(HS,reset)
   BEGIN
   IF (reset='0') THEN vcnt<="0000000000";
   ELSIF(hs'EVENT AND hs ='1')THEN
   IF(vcnt<v_time) THEN vcnt <=vcnt+1;
      ELSE   vcnt <="0000000000";
      END IF;   END IF;   END PROCESS;
p3:PROCESS(clk,reset)
   BEGIN
   IF reset='0'THEN hs<='1';
   ELSIF (clk'event AND clk='1')THEN
   IF (hcnt>=(h_PIX+h_FRONT) AND hcnt<(h_PIX+h_SYNC+h_FRONT))
   THEN hs<='0'; ELSE   hs<='1';
   END IF;END IF;   END PROCESS;
p4:PROCESS(hs,reset)
   BEGIN
   IF   reset='0' THEN vs<='1';
   ELSIF(hs'event AND hs='1') THEN
   IF (vcnt>=(v_PIX+v_FRONT) AND vcnt<(v_PIX+v_SYNC+v_FRONT))
   THEN vs<='0';ELSE    vs<='1';
   END IF; END IF; END PROCESS;
p5:PROCESS(clk)
   BEGIN
   IF clk'event AND clk='1' THEN
   IF hcnt>=h_pix or vcnt>=v_pix   THEN    enable<='0';
   ELSE enable<='1';
   END IF;END IF; END PROCESS;
hc<=hcnt;vc<=vcnt;
END ARCHITECTURE behav;
```

4. 彩条产生模块

彩条信号产生模块包括彩条模式控制、竖彩条发生和横彩条发生三个模块，流程图如图 5-3-4 所示。竖彩条发生模块根据行计数器 hcnt 的计数值来产生彩条，它对行点数计数器的数值进行判断，每 80 条竖线生成一种竖彩条，共 8 种竖彩条，横彩条发生模块与竖彩条发生模块相似。它根据场行数计数器 vcnt 的计数值来产生横彩条，每 60 条扫描线为一个彩条宽度，共 8 种横彩条模式。计数器 mode 的值又决定着输出彩条信号的类型，当 mode 为 11 时，输出的彩条为竖彩条；当选择模式"10"时，VGA 显示横彩条。当选择模式"00"时，VGA 显示全黑；当选择模式"01"时，VGA 显示横竖彩色方框。

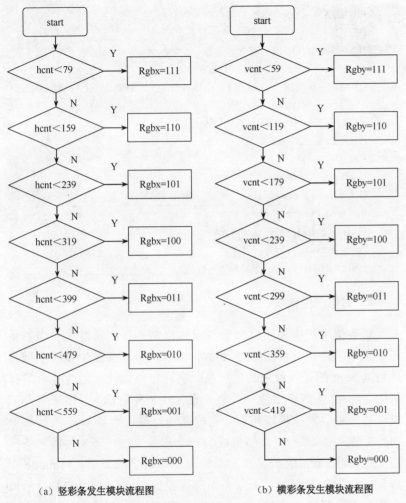

(a) 竖彩条发生模块流程图　　　(b) 横彩条发生模块流程图

图 5-3-4　彩条发生模块流程图

实际应用中，还可以方便地修改彩条信号产生模块。例如，可以修改行、场计数器的判断值，以调整彩条的大小，增加延时跳变的功能，使输出的彩条信号产生各种变化。此外，与 VGA 信号类似，改变行、场状态机的转换值和行、场计数器的设置，还可以产生其他各种模式的图像信号，以适应不同分辨率图像显示的需要。如果在该设计的基础上加上采集模块，就可以显示希望显示的静态图片。彩条产生模块 VHDL 程序如下。

```vhdl
LIBRARY   IEEE;
USE   IEEE.STD_LOGIC_1164.ALL;
USE   IEEE.STD_LOGIC_UNSIGNED.ALL;
ENTITY rgb_gn IS
    PORT(enable,reset: in std_logic;
         hcnt,vcnt: in std_logic_vector(9 downto 0);
         md: in   std_logic_vector(1downto 0);
         r,g,b: out std_logic);
END   rgb_gn;
ARCHITECTURE behav OF rgb_gn IS
SIGNAL rgbx,rgby,rgb: std_logic_vector(2 downto 0);
BEGIN
p1:PROCESS (md,enable,reset)
BEGIN
IF reset='1' THEN rgb<="000";
ELSIF enable='1'THEN
    IF md="11"   THEN rgb<=rgbx;          --模式选择
   ELSIF md="01" THEN rgb <=rgby;
   ELSIF md="10" THEN rgb <=rgbx xor rgby;
   ELSE rgb <="000";
     END IF;
ELSE rgb <="000";END IF;
END PROCESS;
```

```
p2:PROCESS(hcnt)                --竖彩条
  BEGIN
  IF   hcnt <79 THEN rgbx<="111";
  ELSIF hcnt<159 THEN rgbx<="110";
  ELSIF hcnt<239 THEN rgbx<="101";
  ELSIF hcnt<319 THEN rgbx<="100";
  ELSIF hcnt<399 THEN rgbx<="011";
  ELSIF hcnt<479 THEN rgbx<="010";
  ELSIF hcnt<559 THEN rgbx<="001";
  ELSE   rgbx<="000";END IF;
  END PROCESS;
p3:PROCESS(vcnt)                --横彩条
  BEGIN
  IF vcnt <59 THEN rgby<="111";
  ELSIF vcnt<119 THEN rgby<="110";
  ELSIF vcnt<179 THEN rgby<="101";
  ELSIF vcnt<239 THEN rgby<="100";
  ELSIF vcnt<299 THEN rgby<="011";
  ELSIF vcnt<359 THEN rgby<="010";
  ELSIF vcnt<419 THEN rgby<="001";
  ELSE rgby<="000";END IF;
  END PROCESS;
  r<=rgb(2);g<=rgb(1);b<=rgb(0);
  END ARCHITECTURE behav;
```

5．顶层原理图

时序控制模块 VHDL 产生元件 VGA17，彩条信号产生模块 VHDL 产生元件 RGB。把两个元件组合在一起，如图 5-3-5 所示。进行编译、仿真、引脚分配。

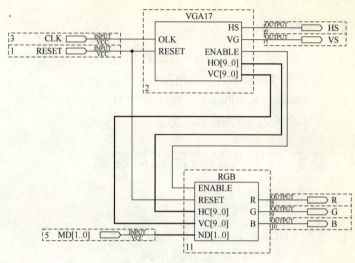

图 5-3-5　顶层原理图

6．下载后进行硬件测试

依次单击"开始"→"控制面板"→"显示"→"设置"，调节屏幕分辨率为 640×480；再单击"高级"→"监视器"，调节屏幕刷新频率为 60Hz。就可以观察到如图 5-3-6 所示的显示效果。

图 5-3-6　VGA 显示

五、实验内容

1. 完成分辨率为 640×480，刷新为 60 Hz 的基本实验任务。建立工程，进行编译仿真下载，拍出图片。
2. 完成分辨率为 800×600，刷新为 75 Hz 的基本实验任务。
3. 编写程序完成静态图片（随意找一张）的显示。

5.4 基于 FPGA 的音乐彩灯控制

一、实验目的

1. 掌握 VHDL 的设计思想，状态机的使用。
2. 掌握宏功能器件 ROM 的使用。
3. 学习数控分频器的设计。
4. 建立完整系统设计的概念。

二、实验任务

1. 基本实验任务

（1）设计一彩灯控制电路，按要求控制 8 路（彩灯由发光二极管代替，受实验箱限制，多路同样控制方法）彩灯的亮灭。彩灯多种花样循环变换：从左至右一个一个点亮至全亮，然后从右至左一个一个熄灭至全灭；从左右两边同时向中间点亮至全亮，然后向两边逐个熄灭；中间间隔一个点亮。

（2）可以控制彩灯变换的节奏快慢；2 个键控制四种节奏。

（3）加有清零开关，暂停键。

（4）有音乐模块，彩灯变换的同时伴有乐曲。

参数指标：系统时钟 20MHz，存放 4/4 拍简单曲子，如梁祝、采茶舞曲；至少一首。

2. 扩展实验任务

（1）发光二极管换成三基色二极管。
（2）不同的花样变换配不同的乐曲。

三、基本实验条件

1. 软件

软件平台 Quartus II 或 ISE 环境。

2. 硬件

ACEX1K 系列 EP1K100QC208-3 开发板，Cyclone II 系列 EP2C5T144QC208n 开发板，其他公司的开发板也可以。

四、实验指导

设计思路如图 5-4-1 所示，系统由彩灯控制和音乐播放两个模块组成。

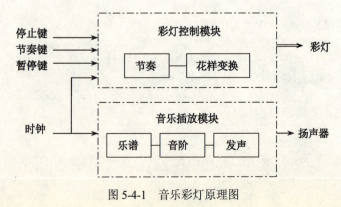

图 5-4-1　音乐彩灯原理图

1. 彩灯控制模块

输入由停止键控制不论是什么情况都停止，再次开始从第一种花样开始变换。暂停键暂停一下，再按一下暂停键可以继续刚才的花样变换。节奏键控制彩灯花样变换的快慢，这里用两位按键实现花样间隔为 1s、2s、3s、4s 四种节奏的变化。输出由一个 8 位二进制数（即彩灯输出信号 q）来控制 8 路彩灯，每一位二进制数控制一个彩灯的开关，当该位数字为"1"时灯亮，该位数字为"0"时灯灭。

系统时钟为 20MHz，对系统时钟信号进行分频得到占空比为 50%的 1Hz 时钟信号 CLK 1Hz。CLK 1Hz 作为速度控制部分的基准时钟，可以通过分频得到其他的时钟控制实现花样不同的变换节奏。

在本实验中用状态机程序实现彩灯的四种变化模式。下面是彩灯控制模块的实体图（图 5-4-2）及参考程序。

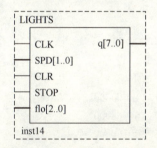

图 5-4-2 彩灯控制模块实体图

```
LIBRARY ieee;
USE ieee.std_logic_1164.all;
USE ieee.std_logic_unsigned.all;
ENTITY LIGHTS is
PORT(CLK: in std_logic;------------------------20MHz时钟输入
     SPD: in std_logic_vector(1 downto 0);-----速度快慢选择
     CLR: in std_logic;------------------------停止
     STOP:in std_logic;------------------------暂停
     flo:in std_logic_vector(2 downto 0);------花样选择
     q:out std_logic_vector(7 downto 0));------彩灯输出
END LIGHTS;

ARCHITECTURE one of LIGHTS is
TYPE states is (s0,s1,s2,s3);--------------------四种模式
SIGNAL mode:states;
SIGNAL clk1hz:std_logic;
SIGNAL clkq:std_logic;
SIGNAL clkk:std_logic;
SIGNAL spdd:std_logic_vector(1 downto 0);
SIGNAL ql:std_logic_vector(7 downto 0);
SIGNAL cnt:std_logic_vector(2 downto 0);
SIGNAL flow:std_logic_vector(2 downto 0);
BEGIN
--STOP：输入低电平暂停 输入高电平正常循环
PROCESS(stop)
BEGIN
IF stop='0' THEN clkk<='1';
ELSE clkk<=clk;
END IF;END PROCESS;
--1Hz分频：把20MHz的输入时钟分频得到1Hz的基准时钟用来控制速度
PROCESS(clkk)
VARIABLE count:integer range 0 to 10000000;
BEGIN
IF clkk'event AND clkk='1' THEN
IF count=10000000
```

```vhdl
THEN clk1hz<=not clk1hz; count:=0;
ELSIF count<10000000 THEN count:=count+1;
ELSE count:=0;
END IF;END IF;END PROCESS;
--速度控制：对基准时钟分频，共四种速度节奏控制键
--spd为00、01、10、11对应四种速度0.125s、0.25s、0.5s、1s
PROCESS(clk1hz,spd)
VARIABLE count1:std_logic_vector(2 downto 0);
BEGIN
spdd<=spd(1)&spd(0);
IF clk1hz'event AND clk1hz='1'
THEN count1:=count1+1;
END IF;
CASE spdd is
WHEN"00"=>clkq<=count1(2);
WHEN"01"=>clkq<=count1(1);
WHEN"10"=>clkq<=count1(0);
WHEN"11"=>clkq<=clk1hz;
END CASE;END PROCESS;
PROCESS(clkq,clr,flo)
BEGIN
--清零：输入低电平清零，高电平正常循环
IF clr='0' THEN mode<=s0;cnt<="000";ql<="00000000";
ELSIF clkq'event AND clkq='1' THENcnt<=cnt+1;
--花样选择：s0,s1,s2,s3四种花样
flow<=flo(2)&flo(1)&flo(0);
CASE flow is
WHEN"111"=>mode<=mode;
WHEN"110"=>mode<=s0;
WHEN"101"=>mode<=s1;
WHEN"011"=>mode<=s2;
WHEN"010"=>mode<=s3;
WHEN others=>mode<=mode;
END CASE;
CASE mode is
---------------------------- s0模式:全亮--全灭--隔一个点亮
WHEN s0=>
CASE cnt is
WHEN"000"=>ql<="11111111";
WHEN"001"=>ql<="00000000";
WHEN"010"=>ql<="01010101";
WHEN"011"=>ql<="10101010";
IF flow="110" THEN mode<=s0;cnt<="000";
ELSIF flow="111" THEN mode<=s1;cnt<="000";
END IF;
WHEN others=>mode<=s0;
END CASE;
----------------------------s1模式：从左到右依次点亮
WHEN s1=>
CASE cnt is
WHEN"000"=>ql<="10000000";
WHEN"001"=>ql<="01000000";
WHEN"010"=>ql<="00100000";
WHEN"011"=>ql<="00010000";
WHEN"100"=>ql<="00001000";
WHEN"101"=>ql<="00000100";
WHEN"110"=>ql<="00000010";
WHEN"111"=>ql<="00000001";
IF flow="101" THEN mode<=s1;cnt<="000";
ELSIF flow="111" THEN mode<=s2;cnt<="000";
```

```
        END IF;
    END CASE;
----------------------------s2模式：从右到左依次点亮
WHEN s2=>
CASE cnt is
WHEN"000"=>ql<="00000001";
WHEN"001"=>ql<="00000010";
WHEN"010"=>ql<="00000100";
WHEN"011"=>ql<="00001000";
WHEN"100"=>ql<="00010000";
WHEN"101"=>ql<="00100000";
WHEN"110"=>ql<="01000000";
WHEN"111"=>ql<="10000000";
IF flow="011" THEN mode<=s2;cnt<="000";
ELSIF flow="111" THEN mode<=s3;cnt<="000";
END IF;
END CASE;
----------------------------s3模式：从中间到两边依次点亮
WHEN s3=>
CASE cnt is
WHEN"000"=>ql<="10000001";
WHEN"001"=>ql<="01000010";
WHEN"010"=>ql<="00100100";
WHEN"011"=>ql<="00011000";
IF flow="010" THEN mode<=s3;cnt<="000";
ELSIF flow="111" THEN mode<=s0;cnt<="000";
END IF;
WHEN others=>mode<=s0;END CASE;END CASE;END IF;
END PROCESS;
q<=ql;
END ARCHITECTURE one;
```

2. 音乐自动播放模块

包括乐曲的存储及读出，乐谱存放在 ROM 中，时钟信号作为乐曲的节拍按顺序读出乐谱相应的音符。音阶接收音符产生相应的分频预置数送给发声部分，发声部分就是一数控分频。根据分频预置数对时基脉冲 20MHz 进行分频，得到各音符对应的频率输出到扬声器。

（1）音乐数据 ROM 模块。该模块为音乐曲谱的存放文件，参见 4.5 节 LPM_ROM 宏模块的内容生成 256×8 的 ROM，如图 5-4-3 所示，ROM 中存放《梁祝》的乐谱，文件名为 music.mif，如图 5-4-4 所示。存到 ROM 中的曲谱如图 5-4-5 所示，音符编码值对应表 5-4-1。4/4 拍的乐谱读出时的节奏是一小节 4 拍，每个音长为 1/4 秒。所以确定音符控制输出模块的时钟源为 4Hz 信号，每个时钟周期读一个音。如四二拍的则每拍时间为 0.5 秒，则此处对应数据应该持续两个字符。

```
COMPONENT musictab
PORT(address: in std_logic_vector(7 downto 0);
     clock: in std_logic;
     q:out std_logic_vector(3 downto 0));
END COMPONENT;
```

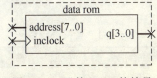

图 5-4-3 元件 ROM 的符号

梁祝

c4/4

3333|5556|1112|6155|5551|6535|2222|2220|2223|7766|5556|
1122|3311|6561|5555|5555|3335|7522|6155|5555|3533|5672|
6666|6656|1112|5553|2232|1165|3333|1111|6165|3561|5555|
5555|000|

图 5-4-4 乐曲曲谱

Addr	+0	+1	+2	+3	+4	+5	+6	+7
0	3	3	3	3	5	5	5	6
8	8	8	8	9	6	8	5	5
16	12	12	12	15	13	12	10	12
24	9	9	9	9	9	9	9	00
32	9	9	9	10	7	7	6	9
40	5	5	5	6	8	8	9	9
48	3	3	8	8	6	5	6	5
56	5	5	5	5	5	5	5	5
64	10	10	10	12	7	7	9	9
72	6	8	5	5	5	5	5	5
80	3	5	5	5	5	6	7	9
88	6	6	6	6	6	5	5	5
96	8	8	8	9	12	12	12	10
104	9	9	10	9	7	6	6	5
112	3	3	3	3	8	8	8	8
120	6	8	5	5	3	6	1	1
128	5	5	5	5	5	5	5	5
136	00	00	00	0	0	0	0	0
144	0	0	0	0	0	0	0	0
152	0	0	0	0	0	0	0	0
160	0	0	0	0	0	0	0	0
168	0	0	0	0	0	0	0	0
176	0	0	0	0	0	0	0	0
184	0	0	0	0	0	0	0	0
192	0	0	0	0	0	0	0	0
200	0	0	0	0	0	0	0	0
208	0	0	0	0	0	0	0	0
216	0	0	0	0	0	0	0	0
224	0	0	0	0	0	0	0	0
232	0	0	0	0	0	0	0	0
240	0	0	0	0	0	0	0	0
248	0	0	0	0	0	0	0	0

图 5-4-5 曲谱存到 ROM 中

表 5-4-1 音符编码值

音　名	音符编码值	音　名	音符编码器
中音 1	0001	高音 1	1000
中音 2	0010	高音 2	1001

续表

音　名	音符编码值	音　名	音符编码器
中音 3	0011	高音 3	1010
中音 4	0100	高音 4	1011
中音 5	0101	高音 5	1100
中音 6	0110	高音 6	1101
中音 7	0111	高音 1（更高音阶）	1111

（2）音符控制输出模块 NOTETABS。该模块利用已定制完成的 music.mif 文件，通过给出 LPM_ROM 的数据地址，使 LPM_ROM 输出对应的音符，再送入音符译码模块，最终演奏出存好的乐谱。音符控制模块实体如图 5-4-6 所示。

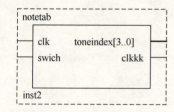

图 5-4-6 音符控制模块实体图

VHDL 语句描述如下：

LIBRARY ieee;
USE ieee.std_logic_1164.all;
USE ieee.std_logic_unsigned.all;
ENTITY notetab is
PORT(clk,swich:in std_logic;
　　　toneindex: out std_logic_vector(3 downto 0);
　　　clkkk:out std_logic);
END notetab;

```
ARCHITECTURE one of notetab is
COMPONENT musictab
PORT(address: in std_logic_vector(7 downto 0);
     clock: in std_logic;
     q:out std_logic_vector(3 downto 0));
END COMPONENT;
SIGNAL counter: std_logic_vector(7 downto 0);
SIGNAL clkk: std_logic;
BEGIN
p1:PROCESS(clk,swich)
VARIABLE cout: integer range 0 to 4999999;
          ----对20MHz时钟5000000分频，得4Hz信号
BEGIN
clkk<='0';
IF cout=4999999 THEN cout:=0;clkk<='1';------ 4999999
ELSIF (clk'event AND clk='1') THEN
IF swich='1' THEN    cout:=cout+1;clkk<='0';
END IF;END IF;END PROCESS;
p2:PROCESS(clkk,counter)
BEGIN
IF counter=138 THEN counter<="00000000";--------138，产生ROM的地址
ELSIF(clkk'event AND clkk='1')THEN
counter<=counter+1;
END IF;END PROCESS;
clkkk<=clkk;
u1:musictab PORT MAP(address=>counter,q=>toneindex,clock=>clkk);
                --q中就是读出的音符
END ARCHITECTURE;
```

（3）音符译码模块 TONETABS。该模块将 NOTETABS 输出的音符译成输出电路的数控分频所需要预置数。由于系统采用 20MHz 作为时钟源，最终输出信号的频率与预置数的关系参见表 5-1-1。音符译码模块实体如图 5-4-7 所示。

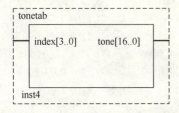

图 5-4-7 音符译码模块实体图

VHDL 语句描述如下：

```
LIBRARY ieee;
USE ieee.std_logic_1164.all;
ENTITY tonetab is
PORT(index: in std_logic_vector(3 downto 0);
     tone:out std_logic_vector(16 downto 0));
END;
ARCHITECTURE one of tonetab is
BEGIN
search:PROCESS(index)
BEGIN
CASE index is-----------------------------控制音调的预置数
    WHEN"0000"=>tone<="1 1111 1111 1111 1111";--0
    WHEN"0001"=>tone<="1 0110 1010 1011 0000";--中音1
    WHEN"0010"=>tone<="1 0111 1010 1111 1011";--中音2
    WHEN"0011"=>tone<="1 1000 1001 0111 1101";--中音3
    WHEN"0100"=>tone<="1 1001 0000 0010 0101";--中音4
    WHEN"0101"=>tone<="1 1001 1100 0101 1000";--中音5
```

```
    WHEN"0110"=>tone<="1 1010 0111 0011 1000";--中音6
    WHEN"0111"=>tone<="1 1011 0000 1110 0111";--中音7
    WHEN"1000"=>tone<="1 1011 0101 0101 1000";--高音1
    WHEN"1001"=>tone<="1 1011 1101 0111 1101";--高音2
    WHEN"1010"=>tone<="1 1100 0100 1011 1110";--高音3
    WHEN"1011"=>tone<="1 1100 1000 0001 0010";--高音4
    WHEN"1100"=>tone<="1 1100 1110 0010 1100";--高音5
    WHEN"1101"=>tone<="1 1101 0011 1001 1011";--高音6
    WHEN"1111"=>tone<="1 1101 1010 1010 1100";--高高1
    WHEN others=>null;
    END CASE;END PROCESS;END one;
```

（4）数控分频模块 SPEAKERA。该模块主体为一个 17 位的可预置数计数器。其通过 NOTETABS 得到预置数，并对此进行计数。当计满时便给出一个溢出信号。再对此溢出信号进行二分频得到能驱动蜂鸣器且频率符合 21 个音阶的频率，由此发出不同音色信号。数控分频模块实体如图 5-4-8 所示。

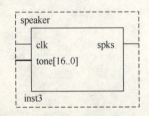

图 5-4-8　数控分频模块实体图

其 VHDL 语言描述如下：

```
LIBRARY ieee;
USE ieee.std_logic_1164.all;
USE ieee.std_logic_unsigned.all;
ENTITY speaker is
    PORT(clk: in std_logic;
        tone:in std_logic_vector(16 downto 0);--17
        spks:out std_logic);
END speaker;
ARCHITECTURE one of speaker is
SIGNAL preclk,fullspks:std_logic;
BEGIN
    PROCESS(clk,tone)----17位可预置计数器
    VARIABLE count11:std_logic_vector(16 downto 0);
    BEGIN
        IF clk'event AND clk='1' THEN
            IF count11=16#1FFFF# THEN    ---TONE~11111111111111111
                count11:=tone;fullspks<='1';
            ELSE count11:=count11+1;fullspks<='0';END IF;
        END IF;END PROCESS;
    PROCESS(fullspks)---------二分频
    VARIABLE count2: std_logic;
    BEGIN
        IF fullspks'event AND fullspks='1' THEN count2:=not count2;
        IF count2='1' THEN spks<='1';
        ELSE spks<='0';END IF;
        END IF;END PROCESS;END;
```

（5）音乐自动播放模块顶层设计。音乐模块顶层原理图如图 5-4-9 所示。

3．音乐彩灯顶层模块。音乐彩灯顶层原理图如图 5-4-10 所示。在这里只是简单地把彩灯与乐曲播放放在一起，同时工作而已。引脚分配后，下载测试即可。

第 5 章 综合实验

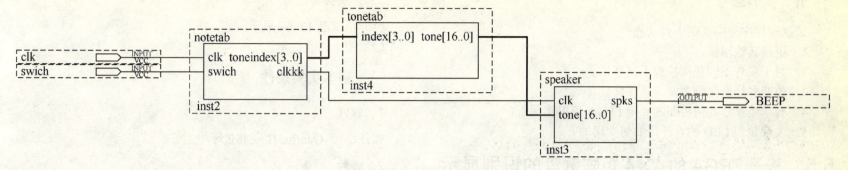

图 5-4-9 音乐模块顶层原理图

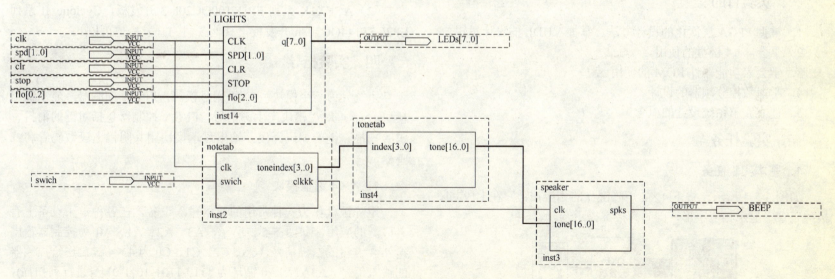

图 5-4-10 音乐彩灯顶层原理图

五、实验思考

试修改程序分别实现下列功能：
1. 更换其他乐曲。
2. 对于彩灯不同花样播放不同音乐。
3. 改变彩灯变化频率及更多花样。
4. 音乐喷泉是如何控制的？用 FPGA 可以实现吗？
5. 大型景观 LED 的设计是如何实现的？

5.5 基于 FPGA 的 4×4 矩阵键盘的识别显示

一、实验目的

1. 掌握 FPGA 层次化的设计方法，掌握 VHDL 的设计思想。
2. 学会 4×4 键盘的使用。
3. 学会宏功能器件 ROM 的使用。
4. 学习数控分频器的设计。
5. 建立完整系统设计的概念。

二、实验任务

1. 基本实验任务

如图 5-5-1 所示，按下 4×4 矩阵键盘的相应按键，在七段共阴极数码管上显示相应字形，同时有按键提示音。

图 5-5-1　4×4 矩阵键盘的识别显示

2. 扩展实验任务

（1）用液晶 12864 显示。
（2）配上语音提示。

三、基本实验条件

1. 软件

软件平台 Quartus II 或 ISE 环境。

2. 硬件

（1）4×4 普通键盘；数码管一个。
（2）ACEX1K 系列 EP1K100QC208-3 开发板，Cyclone II 系列 EP2C5T144QC208n 开发板，其他公司的开发板也可以。

四、实验指导

系统分为三个模块：4×4 键盘模块，FPGA 控制器，显示输出模块。4×4 键盘模块产生键信号，FPGA 控制器包括对键的消抖、键的扫描、键的编码译码。输出显示模块用共阴极七段数码管和蜂鸣器。

1. 4×4 键盘模块

矩阵键盘作为一种常用的数据输入设备，在各种电子设备上有着广泛的应用，如图 5-5-2 所示，A3、A2、A1、A0 为控制器输出给 4×4 键盘的扫描信号，C3、C2、C1、C0 为 4×4 键盘送给控制器的输入信号。A3A2A1A0 循环为 1110-1101-1011-0111(进行列扫描)，读入 C3C2C1C0 的状态，判断是哪个键按下。例如，A3A2A1A0 为 1110，读入 C3C2C1C0 的值为 1011，则判断是第 4 列第 2 行的键 7

按下。即按图 5-5-3 所示的时序对键盘进行列扫描，控制器产生 A3A2A1A0=0111-1011-1101-1110 信号，周期性地对键盘进行列扫描，然后读取 C3～C0 的信息，判断是哪个键按下。各键对应码如表 5-5-1 所示。该设计所使用的键盘通过将列扫描信号作为输入信号，控制行扫描信号输出，然后根据行及列的扫描结果进行译码。

表 5-5-1 4×4 键盘的键码

A3A2A1A0 C3C2C1C0	0111	1011	1101	1110
0111	S0	S1	S2	S3
1011	S4	S5	S6	S7
1101	S8	S9	SA	SB
1110	SC	SD	SE	SF

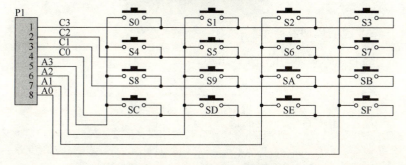

键盘编码、解码：每个键按下都有相应的码。16 个键，相应码为表的纵坐标与横坐标 A3A2A1A0C3C2C1C0 的组合，为 8 位二进制数。如果不是表中的 16 个组合，则认为是没有键按下的状态，用 key0=1 表示。可以事先把该表存入 ROM，也可以用语句直接写在程序中。当然不同的键盘安排表中对应内容不同。

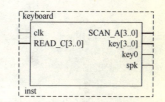

2. FPGA 控制器对键的识别

键识别实体如图 5-5-4 所示。

图 5-5-4 键识别实体图

```
LIBRARY ieee;
USE ieee.std_logic_1164.all;
USE ieee.std_logic_unsigned.all;
ENTITY keyboard is
PORT(clk: in std_logic;--扫描时钟频率不宜过高，一般在1kHz以内
    READ_C: in std_logic_vector(3 downto 0);--读入行码
    SCAN_A:out std_logic_vector(3 downto 0);--输出列码，扫描信号
    key: out integer range 0 to 16;
     key0: out std_logic); --输出键值
END ENTITY;
 ARCHITECTURE realization of keyboard is
SIGNAL scanAND:std_logic_vector(7 downto 0);
```

图 5-5-2 4×4 键盘的硬件结构

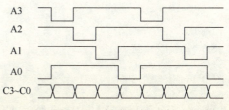

图 5-5-3 键盘扫描时序

```
SIGNAL lie: std_logic_vector(3 downto 0);--列扫描信号
SIGNAL cntscan:integer range 0 to 3;--用于计数产生扫描信号
SIGNAL counter:integer range 0 to 3;
SIGNAL key0:std_logic;  -------等于1表示无键按下
BEGIN
PROCESS(clk)
BEGIN
   IF rising_edge(clk) THEN
     IF cntscan=3 THEN   cntscan<=0;
     ELSE      cntscan<=cntscan+1;   END IF;
       CASE cntscan is --产生列扫描信号
            WHEN 0 => lie <="0111";-- A3A2A1A0=0111
            WHEN 1 => lie<="1011"; -- A3A2A1A0=1011
            WHEN 2 => lie <="1101";-- A3A2A1A0=1101
            WHEN 3 => lie<="1110";-- A3A2A1A0=1110
       END CASE;
   END IF;
  END PROCESS;
PROCESS(clk)
BEGIN
IF falling_edge(clk) THEN
  IF   READ_C="1111" THEN--上升沿产生列扫描信号,下降沿读入行码
    IF  counter=3   THEN--多次检测为"1111",表示无按键按下
           key0<='1';   counter<=0;
       ELSE       counter<=counter+1;
    END IF;
  ELSE     counter<=0;
      CASE scanAND is
          WHEN "01110111"=> key<=1; spk<=1;
                              --只要有键按下发声提示
          WHEN "10110111"=> key<=4;   spk<=1;
          WHEN "11010111"=> key<=7; spk<=1;
          WHEN "11100111"=> key<=14; spk<=1;--*/E
          WHEN "01111011"=> key<=2; spk<=1;
```

```
          WHEN "10111011"=> key<=5; spk<=1;
          WHEN "11011011"=> key<=8; spk<=1;
          WHEN "11101011"=> key<=0; spk<=1;
          WHEN "01111101"=> key<=3; spk<=1;
          WHEN "10111101"=> key<=6; spk<=1;
          WHEN "11011101"=> key<=9; spk<=1;
          WHEN "11101101"=> key<=15; spk<=1;--#/F
          WHEN "01111110"=> key<=10; spk<=1;-- A
          WHEN "10111110"=> key<=11; spk<=1;-- B/b
          WHEN "11011110"=> key<=12; spk<=1;--C/c
          WHEN "11101110"=> key<=13; spk<=1;--D/d
          WHEN others=>NUll;
END CASE; END IF; END IF; END PROCESS;
scanAND<=lie & read_c;
scan_a<=lie;
END;
```

2. 键的译码及显示

键的译码实体如图 5-5-5 所示。

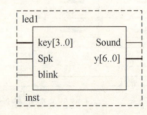

图 5-5-5 键的译码实体图

```
LIBRARY IEEE;
USE IEEE.STD_LOGIC_1164.ALL;
USE IEEE.STD_LOGIC_ARITH.ALL;
USE IEEE.STD_LOGIC_UNSIGNED.ALL;
ENTITY led1 is--YIMAJIXIANSHI
   PORT (key: in   STD_LOGIC_VECTOR (3 downto 0);
```

```vhdl
        Spk,blink:in STD_LOGIC;
        Sound : out    STD_LOGIC;
             y : out    STD_LOGIC_VECTOR (6 downto 0));
END led1;
ARCHITECTURE Behavioral of led1 is
BEGIN
PROCESS   (key)
BEGIN
     CASE key is
         WHEN "0000" => y <="0111111";--gfedcba/0
         WHEN "0001" => y <= "0000110"; --1
         WHEN "0010" => y <= "1011011"; --2
         WHEN "0011" => y <= "1001111"; --3
         WHEN "0100" => y <= "1100110";--4
         WHEN "0101" => y <= "1101101";--5
         WHEN "0110" => y <= "1111101"; --6
         WHEN "0111" => y <= "0000111"; --7
         WHEN "1000" => y <= "1111111"; --8
         WHEN "1001" => y <= "1101111"; --9
         WHEN "1010" => y <= "1110111"; --A
         WHEN "1011" => y <= "1111100";--B
         WHEN "1100" => y <= "0111001"; --C
         WHEN "1101" => y <= "1011110"; --D
         WHEN "1110" => y <= "1111001"; --E
         WHEN "1111" => y <= "1110001"; --F
         WHEN others => y <= "0000000";
     END CASE;           END PROCESS;
PROCESS(blink,spk)
BEGIN
     IF spk='1'   THEN sound<=blink; ELSE sound<='0';
     END IF;END PROCESS;END Behavioral;
```

3. 分频电路

利用计数器同步产生键盘扫描所需的扫描信号 SEQ，以及驱动蜂鸣器工作的频率 BLINK。如果估算正常的最快按键频率为 10Hz，所谓最短的周期自然就是 100ms 了。换句话说，只要快过 50ms 的 ON 和 OFF 信号都不太合理，都可以视为干扰来处理。而真正的震动干扰很难精确预估，大概都在 1ms 上下，而分布在 5ms 的范围中，系统时钟为 20MHz，其中 SEQ 是 76Hz（$20 \times 10^6 / 2^{18}$）的微分信号，作为弹跳消除电路的采样信号，约 13ms 采样一次，对 5ms 以下的弹跳区而言，最多只会抽样一次，不论抽到 1 或 0，都不会影响到信号的稳定性。蜂鸣器驱动频率约为 5Hz（$20 \times 10^6 / 2^{22}$）。分频电路实体图如图 5-5-6 所示。程序如下：

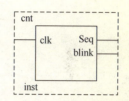

图 5-5-6　分频电路实体图

```vhdl
LIBRARY IEEE;
USE IEEE.STD_LOGIC_1164.ALL;
USE IEEE.STD_LOGIC_ARITH.ALL;
USE IEEE.STD_LOGIC_UNSIGNED.ALL;
ENTITY cnt is           --20MHz fenpin
    PORT (   clk: in   STD_LOGIC ;
             Seq,blink: out   STD_LOGIC);
END cnt;
ARCHITECTURE Behavioral of cnt is
SIGNAL Q : STD_LOGIC_VECTOR (21 downto 0);
SIGNAL D : STD_LOGIC;
BEGIN
    PROCESS (CLK)
    BEGIN
        IF CLK'event AND CLK='1' THEN    D <= Q(17);    Q <= Q+1;
        END IF; END PROCESS;
    blink    <= Q(21);          seq<= not Q(17) AND D; END ;
```

4. 顶层设计

顶层原理图如图 5-5-7 所示。

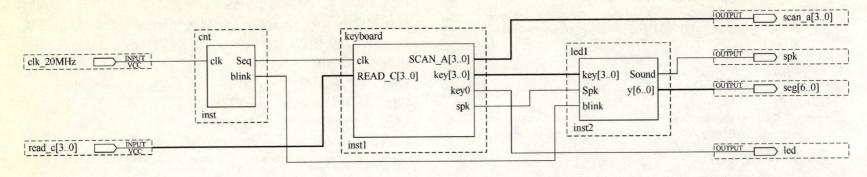

图 5-5-7　顶层原理图

五、特色创新

趣味性：4×4 矩阵键盘的识别显示是最简单也是每个系统必不可少的人机接口，学生编程时要理解硬件的要求，才能更好地去控制它。

研究性：普通按键，一个键就需要一个口，4×4 矩阵键盘有 16 个键，却只需 8 个 I/O 口。当然也可以结合 5.1 节的实验，使用 PS2 键盘，只用两个口就可以使用 100 多个键。

六、实验注意事项

1. 时钟是否为 20MHz，否则分频系数需要修改。
2. 扩展任务时扩展板是否有 PS2 或 12864 接口。
3. 把相应按键赋予相应功能，实现某个系统功能又该如何实现？

5.6　基于 FPGA 的 LED 扫描显示

一、实验目的

1. 掌握 FPGA 层次化的设计方法，学会元件例化语句的使用。
2. 学会七段数码管的使用。
3. 学会数码管的动态扫描。
4. 学习分频器的设计。

二、实验任务

1. 基本实验任务

（1）有四个共阴极数码管编号为 1、2、3、4，如图 5-6-1 所示，手动选择数码管，手动控制选中的数码管显示 0，1，2，…，9，A，B，C，D，E，F。

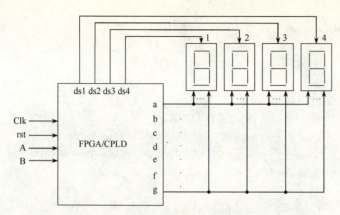

图 5-6-1 数码管硬件接线图

（2）自动控制 4 个数码管依次循环点亮 0，1，2，3；4，5，6，7；8，9，A，B；C，D，E，F。每个数码管点亮 1/3 秒。

（3）带有使能端、复位端的手动选择数码管，控制选中的数码管自动从 1 到 F 循环点亮。

（4）参数指标：系统时钟 50MHz。

2. 扩展实验任务

（1）带有使能端、复位端的自动定时选择数码管，控制选中的数码管自动从 1 到 F 循环点亮。

（2）把所有任务放在一个工程下，选择不同模式实现。

三、基本实验条件

1. 软件

软件平台 Quartus II 或 ISE 环境。

2. 硬件

ACEX1K 系列 EP1K100QC208-3 开发板，Cyclone II 系列 EP2C5T144QC208n 开发板，其他公司的开发板也可以，需要有至少 4 个数码管，独立按键 3 个。

四、实验指导

（1）4 个共阴极数码管，手动控制，非常简单。ss[1..0]这 4 种组合分别控制选中 4 个数码管，a[3..0]输入 16 种组合对应 0，1，2，…，9，A，B，C，D，E，F。输出 y[6..0]为对应的共阴极数码管的引脚信号。

```
LIBRARY IEEE;
USE IEEE.STD_LOGIC_1164.ALL;
USE IEEE.STD_LOGIC_ARITH.ALL;
USE IEEE.STD_LOGIC_UNSIGNED.ALL;

ENTITY led1 is
    PORT ( ss : in   STD_LOGIC_VECTOR (1 downto 0);
            a : in   STD_LOGIC_VECTOR (3 downto 0);
            y : out  STD_LOGIC_VECTOR (6 downto 0);
           pp : out STD_LOGIC_VECTOR (3 downto 0));
END led1;

ARCHITECTURE Behavioral of led1 is
BEGIN
PROCESS   (ss,a)
BEGIN
 CASE ss is
     WHEN    "00" => pp <= "0001";--zuo1
```

```
        WHEN    "01" => pp <= "0010";--zuo2
        WHEN    "10" => pp <= "0100";--zuo3
        WHEN    "11" => pp <= "1000";
        WHEN others => pp<="0000";
    END CASE;
    CASE a is
        WHEN "0000" => y <= "0111111" ;--;gfedcba
        WHEN "0001" => y <= "0000110";--1;
        WHEN "0010" => y <= "1011011";--2
        WHEN "0011" => y <= "1001111";--3;
        WHEN "0100" => y <= "1100110";--4
        WHEN "0101" => y <= "1101101";--5;
        WHEN "0110" => y <= "1111101";--6
        WHEN "0111" => y <= "0000111";--7
        WHEN "1000" => y <= "1111111";--8
        WHEN "1001" => y <= "1101111";--9
        WHEN "1010" => y <= "1110111";--a
        WHEN "1011" => y <= "1111100";--b
        WHEN "1100" => y <= "0111001";--c
        WHEN "1101" => y <= "1011110";--d
        WHEN "1110" => y <= "1111001";--e
        WHEN others => y <= "1110001";--f
    END CASE; END PROCESS;
    END Behavioral;
```

（2）自动控制依次点亮 0, 1, 2, 3; 4, 5, 6, 7; 8, 9, A, B; C, D, E, F。

如何实现自动？所谓自动，就是在时钟控制下，按时序循环工作。每个点亮 1/3 秒如何控制。系统时钟 50MHz，分频得到 3Hz 信号，1 个时钟周期为 1/3 秒。

```
        LIBRARY IEEE;
        USE IEEE.STD_LOGIC_1164.ALL;
        USE IEEE.STD_LOGIC_ARITH.ALL;
        USE IEEE.STD_LOGIC_UNSIGNED.ALL;

        ENTITY auto4led is
            PORT ( clk : in    STD_LOGIC;
                   y : out    STD_LOGIC_VECTOR (6 downto 0);
                   pp : out   STD_LOGIC_VECTOR (3 downto 0));
        END auto4led;

        ARCHITECTURE Behavioral of auto4led is
        --SIGNAL a: STD_LOGIC_VECTOR (3 downto 0);
        SIGNAL W: STD_LOGIC_VECTOR(23 DOWNTO 0);
        SIGNAL R: STD_LOGIC;
        SIGNAL T: STD_LOGIC;
        SIGNAL s: STD_LOGIC_VECTOR(3 DOWNTO 0):="1111";
        --SIGNAL ss: STD_LOGIC_VECTOR(1 DOWNTO 0);
        BEGIN
        p1: PROCESS(CLK)    --50M时钟分频为3Hz
            BEGIN
                IF CLK'EVENT AND CLK='1' THEN
                    R<=W(23);    W<=W+1; T<=NOT R AND W(23);
                END IF;
        END PROCESS;
        p2: PROCESS (t)
        BEGIN
            IF t'EVENT AND t='1' THEN
                IF s="1111" THEN    s<="0000";
                ELSE s<=s+1;    END IF;
        CASE s is
```

```vhdl
            WHEN "0000" => y <="0111111" ;pp <= "0001";--;gfedcba
            WHEN "0001" => y <= "0000110"; pp <= "0010";
            WHEN "0010" => y <= "1011011"; pp <= "0100";
            WHEN "0011" => y <= "1001111"; pp <= "1000";
            WHEN "0100" => y <= "1100110";pp <= "0001";
            WHEN "0101" => y <= "1101101";pp <= "0010";
            WHEN "0110" => y <= "1111101"; pp <= "0100";
            WHEN "0111" => y <= "0000111"; pp <= "1000";
            WHEN "1000" => y <= "1111111"; pp <= "0001";
            WHEN "1001" => y <= "1101111"; pp <= "0010";
            WHEN "1010" => y <= "1110111";pp <= "0100";
            WHEN "1011" => y <= "1111100"; pp <= "1000";"
            WHEN "1100" => y <= "0111001"; pp <= "0001";
            WHEN "1101" => y <= "1011110"; pp <= "0010";
            WHEN "1110" => y <= "1111001"; pp <= "0100";
            WHEN others => y <= "1110001"; pp <= "1000";
          END CASE;       END IF;        END PROCESS;
END Behavioral;
```

（3）带有使能端、复位端的手动选择数码管，自动控制数码管从 1 到 F 循环点亮，每个点亮 1/3 秒。另加两个按键控制整个系统，异步复位，同步使能。

```vhdl
LIBRARY IEEE;
USE IEEE.STD_LOGIC_1164.ALL;
USE IEEE.STD_LOGIC_ARITH.ALL;
USE IEEE.STD_LOGIC_UNSIGNED.ALL;

ENTITY autoled is
    PORT ( clk : in   STD_LOGIC;     -- 50MHZ
           en : in   STD_LOGIC;      -- SW0
           rst : in   STD_LOGIC;     --SW1
           y : out   STD_LOGIC_VECTOR (6 downto 0);
           pp: out   STD_LOGIC_VECTOR (3 downto 0);
           ss : in   STD_LOGIC_VECTOR (1 downto 0));--SW7,SW6
END autoled;

ARCHITECTURE Behavioral of autoled is
SIGNAL a: STD_LOGIC_VECTOR (3 downto 0);
SIGNAL cout: std_logic;
SIGNAL W: STD_LOGIC_VECTOR(23 DOWNTO 0);
SIGNAL R: STD_LOGIC;
SIGNAL T: STD_LOGIC;
--SIGNAL s: STD_LOGIC_VECTOR(2 DOWNTO 0);
BEGIN
p1:  PROCESS(CLK)   --分频
     BEGIN
       IF CLK'EVENT AND CLK='1' THEN    R<=W(23);    W<=W+1;
         T<=NOT R AND W(23);
       END IF;
     END PROCESS;
p2:  PROCESS (t,rst,en)
      VARIABLE cqi :std_logic_vector(3 downto 0);
    BEGIN
    IF rst='1' THEN cqi:=(others=>'0');
    ELSIF t'event AND t='1' THEN
    IF en='1' THEN
    IF cqi <9 THEN cqi:=cqi+1;
    ELSE cqi:=(others=>'0');
    END IF;END IF;END IF;
    IF cqi="1001" THEN cout<='1';ELSE cout<='0';
```

```
END IF;a<=cqi;
END PROCESS;
p3: PROCESS   (ss,a)
BEGIN
  CASE ss is
    WHEN    "00" => pp <= "0001";--zuo1
    WHEN    "01" => pp <= "0010";--zuo2
    WHEN    "10" => pp <= "0100";--zuo3
    WHEN    "11" => pp <= "1000";
    WHEN others => pp<="0000";
  END CASE;
CASE a is
    WHEN "0000" => y <="0111111" ;--;gfedcba
    WHEN "0001" => y <= "0000110";
    WHEN "0010" => y <= "1011011";
    WHEN "0011" => y <= "1001111";
    WHEN "0100" => y <= "1100110";
    WHEN "0101" => y <= "1101101";
    WHEN "0110" => y <= "1111101";
    WHEN "0111" => y <= "0000111";
    WHEN "1000" => y <= "1111111";
    WHEN "1001" => y <= "1101111";
    WHEN "1010" => y <= "1110111";
    WHEN "1011" => y <= "1111100";
    WHEN "1100" => y <= "0111001";
    WHEN "1101" => y <= "1011110";
    WHEN "1110" => y <= "1111001";
    WHEN others => y <= "1110001";
    END CASE; END PROCESS;
END Behavioral;
```

（4）带有使能端、复位端的自动选择数码管，自动控制4个数码管自动从1到F循环点亮。前面已设计了led1，即手动控制4个共阴极数码管。ss[1..0]这4种组合分别控制选中4个数码管，a[3..0]输入16种组合对应0，1，2，…，9，A，B，C，D，E，F。输出y[6..0]为对应的共阴极数码管的引脚信号。现在要实现自动控制只需再加一个分频模块。

分频模块程序如下：

```
LIBRARY IEEE;
USE IEEE.STD_LOGIC_1164.ALL;
USE IEEE.STD_LOGIC_ARITH.ALL;
USE IEEE.STD_LOGIC_UNSIGNED.ALL;
ENTITY fenpin is
     PORT ( clk : in    STD_LOGIC;
              y : out    STD_LOGIC);
END fenpin;
ARCHITECTURE Behavioral of fenpin is
SIGNAL W: STD_LOGIC_VECTOR(23 DOWNTO 0);
SIGNAL R: STD_LOGIC;
SIGNAL T: STD_LOGIC;
BEGIN
P1:  PROCESS(CLK)    --分频
    BEGIN
      IF CLK'EVENT AND CLK='1' THEN R<=W(23); W<=W+1;
T<=NOT R AND W(23);
       END IF;
    END PROCESS;
   y<=t;
END Behavioral;
```

led1 模块程序已编好，可以直接用。顶层程序用元件例化语句写出：

```
LIBRARY ieee;
USE ieee.std_logic_1164.ALL;
USE ieee.numeric_std.ALL;
ENTITY lianxi is
    PORT ( CLK : in std_logic; EN : in std_logic; RST : in std_logic;
        SS  : in std_logic_vector (1 downto 0);
        PP  : out std_logic_vector (3 downto 0);
        Y   : out std_logic_vector (6 downto 0));
END lianxi;
ARCHITECTURE BEHAVIORAL of lianxi is
    SIGNAL clk_open : std_logic;
    COMPONENT fenpin
        PORT ( clk : in std_logic;
               y : out std_logic);
    END COMPONENT;
    COMPONENT led1
        PORT ( clk : in std_logic;
               en : in std_logic;
               rst :in std_logic;
               ss : in std_logic_vector (1 downto 0);
               y : out std_logic_vector (6 downto 0);
               pp : out std_logic_vector (3 downto 0));
    END COMPONENT;
BEGIN
    XLXI_1 : fenpin
            PORT map (clk=>CLK,  y=> clk_open);
    XLXI_2 : led1
            PORT map (clk=> clk_open, en=>EN, rst=>RST,
             ss(1 downto 0)=>SS(1 downto 0),
             pp(3 downto 0)=>PP(3 downto 0),
             y(6 downto 0)=>Y(6 downto 0));
END BEHAVIORAL;
```

五、实验内容

1. 分别编写实验指导中的 4 个例程，编译，仿真，引脚分配下载到 FPGA 芯片中验证。

2. 修改每个数码管的点亮时间为 1 秒，或设计模式选择按键控制数码管的点亮时间为 1s、0.2s、0.5s、0.33s、1s，试编写程序实现。

3. 换成共阳极数码管，修改程序并实现。

第 6 章 应用实例

6.1 基于 FPGA 的输入/输出接口

6.1.1 实验原理、技术及方法

FPGA 设计的都是控制逻辑,需要输入/输出接口。最基本的输入/输出接口是 4×4 键盘、数码管、液晶显示。数码管显示比较简单,只是多了动态扫描的问题,4×4 键盘的识别在第 5 章中都有专门的实验项目练习。这个实验主要练习液晶 12864 的显示及 PS/2 键盘的输入控制。从 PS/2 键盘输入,如 0123456789 或字母 ABCD……将相应地显示在 12864 液晶屏上。

1. PS/2 键盘接口知识

(1) 先来认识下 PS/2 接口,引脚图如图 6-1-1 所示。发送、接收数据时序如图 6-1-2 所示,PS/2 设备的 clock 和 data 都是集电极开路的,平时都是高电平。当 PS/2 设备等待发送数据时,它首先检查 clock 是否为高。如果为低,则认为 FPGA 抑制了通信,此时缓冲数据直到获得总线的控制权。如果 clock 为高电平,PS/2 则开始向 FPGA 发送数据。一般由 PS/2 设备产生时钟信号,按帧格式发送。数据位在 clock 为高电平时准备好,在 clock 下降沿被 FPGA 读入。

(2) PS/2 接口的普通键盘数据格式。

普通键盘数据格式如表 6-1-1 所示,数据传输选用奇校验,如数据位中 1 的个数为偶数,校验位就为 1;如果数据位中 1 的个数为奇数,校验位就为 0。总之,数据位中 1 的个数加上校验位中 1 的个数总为奇数,所以总进行奇校验。

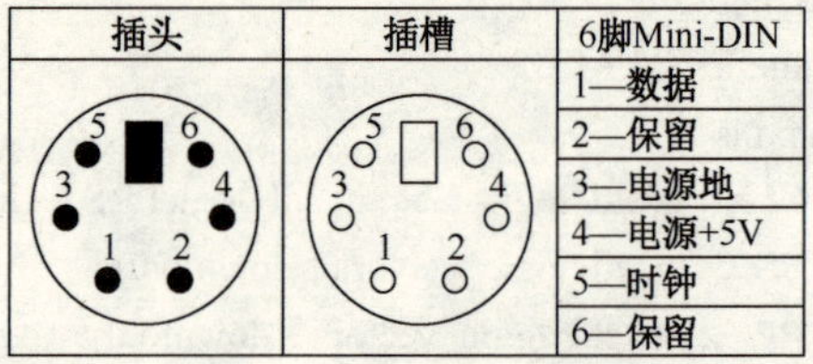

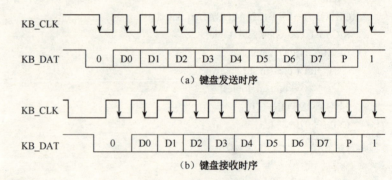

图 6-1-1 PS/2 引脚图

图 6-1-2 键盘接口时序

表 6-1-1 普通键盘数据格式

1 个起始位	总是逻辑 0
8 个数据位	(LSB)低位在前
1 个奇偶校验位	奇校验
1 个停止位	总是逻辑 1
1 个应答位	仅用在主机对设备的通信中

数据从键盘/鼠标发送到 FPGA，或从 FPGA 发送到键盘/鼠标，时钟都是由 PS/2 设备产生的。FPGA 对时钟控制有优先权，即 FPGA 想发送控制指令给 PS/2 设备时，可以拉低时钟线至少 100μs，然后再下拉数据线，最后释放时钟线为高。PS/2 设备的时钟线和数据线都是集电极开路的，容易实现拉低电平。

从 PS2 向 FPGA 发送一个字节可按照下面的步骤进行：

① 检测时钟线电平，如果时钟线为低，则延时 50μs。

② 检测判断时钟信号是否为高，如果为高，则继续执行；如果为低，则转到①。

③ 检测数据线是否为高，如果为高，则继续执行；如果为低，则放弃发送（此时 FPGA 在向 PS/2 设备发送数据，所以 PS/2 设备要转移到接收程序处接收数据）。

④ 延时 20μs（如果此时正在发送起始位，则应延时 40μs）。

⑤ 输出起始位（0）到数据线上。这里要注意的是：在每送出 1 位后都要检测时钟线，以确保 FPGA 没有抑制 PS/2 设备，如果有，则中止发送。

⑥ 输出 8 个数据位到数据线上。

⑦ 输出校验位。

⑧ 输出停止位（1）。

⑨ 延时 30μs（如果在发送停止位时释放时钟信号，则延时 50μs）。

（3）键盘返回值介绍。键盘的处理器如果发现有键被按下或释放，将发送扫描码的信息包到 CPLD/FPGA。扫描码有两种不同的类型：通码和断码。若一个键被按下就发送通码，若一个键被释放就发送断码。每个按键被分配了唯一的通码和断码。这样，FPGA 通过查找唯一的扫描码就可以测定是哪个按键。每个键一整套的通/断码组成了扫描码集。有三套标准的扫描码集，分别是第一套、第二套和第三套。所有现代的键盘默认使用第二套扫描码。虽然多数第二套通码都只有一个字节宽，但也有少数扩展按键的通码为两个字节或四个字节宽。这类的通码第一个字节总是为 E0。正如键按下通码就被发往 FPGA 一样，只要键一释放断码就会被发送。每个键都有它自己唯一的通码和断码。幸运的是，不用总是通过查表来找出按键的断码，因为在通码和断码之间存在着必然的联系。多数第二套断码有两个字节长。它们的第一个字节是 F0，第二个字节是这个键的通码。扩展按键的断码通常有三个字节，它们前两个字节是 E0H、F0H，最后一个字节是这个按键通码的最后一个字节。101、102 和 104 键的键盘的第二套扫描码见附录 A。

一个键盘发送值的例子：通码和断码是以什么样的序列发送到 FPGA 中从而使得字符 G 出现在字处理软件里的呢？因为这是一个大写字母，需要发生这样的事件次序：按下 Shift 键→按下 G 键→释放 G 键→释放 Shift 键。与这些时间相关的扫描码如下：Shift 键的通码 12H，G 键的通码 34H，G 键的断码 F0H 34H，Shift 键的断码 F0H 12H。因此发送到计算机中的数据应该是：12H 34H F0H 34H F0H 12H。

（4）PS/2 键盘的识别程序。所谓键盘的识别程序，也就是当按下 PS/2 键盘上某一个按键时，编写状态机程序对键码进行接收及识别。PS/2 接口的普通键盘就是一个大型的按键矩阵，电路板上安装有键盘编码器，如果发现有键被按下或释放，将发出扫描码的信息包，扫描码有两种不同的类型：通码和断码。当一个键被按下就发送通码，当一个键被释放就发送断码。每个按键被分配了唯一的通码和断码。这样控制器通过查找唯一的扫描码就可以测定是哪个按键。每个键一整套的通/断码组成了扫描码集。所有现代的键盘默认使用第二套扫描码。

对 PS/2 键盘发送过来的键进行识别，根据时序分析，可以分：为初始状态 S0，准备接收数据的状态 S1，连续接收一帧数据的状态 Sup，一帧数据发送完的判断 Sjuadge（缩写 Sj），判断键按下还是键释放的状态 Sjudage1（缩写 Sj1），如果是键释放的情况则还要继续接收一帧数据用来表示 Sn0（与 S0 对应）、Sn1（与 S1 对应）、Snup（与 Sup 对应）状态。状态转换图见图 5-1-6。

相应 PS/2 键盘的状态机程序如下，生成实体符号如图 6-1-3 所示。

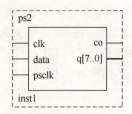

图 6-1-3 PS/2 实体符号

简单说明：clk，20MHz 时钟；psclk，PS/2 口的时钟，对应 PS/2 的 5 脚；data，PS/2 口的数据脚，对应 PS/2 的 1 脚；q，PS/2 的键码；co 表示键的状态，为 1 表示键按下，为 0 表示键释放。

```vhdl
LIBRARY ieee;
USE ieee.std_logic_1164.all;
USE ieee.std_logic_unsigned.all;
ENTITY    PS/2 is
PORT(clk, psclk, data:in std_logic;
         co:out std_logic;
         q:out std_logic_vector(7 downto 0));
END    PS/2;
ARCHITECTURE bhv of PS/2 is
SIGNAL sclk:std_logic;
SIGNAL reg8,cnt:std_logic_vector(7 downto 0);
          --有效键码(数据)
SIGNAL reg11:std_logic_vector(10 downto 0);
          --1帧数据，包括起始位，数据，校验，停止位
SIGNAL sm :state:=s0;
TYPE state is(s0,s1,sJudage,sJudage1,sN0,sN1,sNup,sUp);
BEGIN
PROCESS(clk)
--对20MHz进行512分频，得到周期为约25μs的时钟sclk检测键盘的输入
    BEGIN
    IF(clk'event AND clk='1')THEN
      IF(cnt="11111111")  THEN    cnt<=(others=>'0'); sclk<=not sclk;
        ELSE    cnt<=cnt+1;
      END IF;   END IF;
END PROCESS;
q<=reg8;
PROCESS(sclk,psclk,data)
    VARIABLE num:integer range 0 to 100:=0;
    BEGIN
    IF(sclk'event AND sclk='1')THEN
    CASE sm is
      WHEN s0=>  IF(psclk='1' )THEN  IF(data='0')THEN    sm<=s1;
                    ELSE    sm<=s0;END IF;
                    ELSE    sm<=s0; END IF;
      WHEN s1=>    IF(num<11)THEN
                   IF(psclk='0')THENreg11(num)<=data;sm<=sUp;
                    ELSE    sm<=s1;END IF;
                    ELSE    sm<=sJudage;    num:=0; END IF;
      WHEN sUp=>    IF(psclk='0')THEN    sm<=sUp;
              ELSE    sm<=s1;num:=num+1; END IF;
      WHEN sJudage=>
              IF(reg11(0)='0' AND reg11(10)='1')
```

```
                THEN  reg8<=reg11(8 downto 1);
                      sm<=sJudage1;
                ELSE  sm<=s0;   END IF;
        WHEN sJudage1=>  IF(reg8=x"f0")THEN  sm<=sN0;  co<='0';
                        ELSE  co<='1'; sm<=s0;  END IF;
        WHEN sN0=>   IF(psclk='1' )THEN
                        IF(data='0')THEN  sm<=sN1;
                        ELSE    sm<=sN0;  END IF;
                     ELSE    sm<=sN0;  END IF;
        WHEN sN1=>   IF(num<11)THEN
                        IF(psclk='0')THEN reg11(num)<=data;sm<=
                        sNUp;
                        ELSE  sm<=sN1;  END IF;
                     ELSE    num:=0;sm<=s0;reg8<=x"00";
                     END IF;
        WHEN sNUp=>  IF(psclk='0')THEN    sm<=sNUp;
                     ELSE   sm<=sN1;num:=num+1;   END IF;
     END CASE;   END IF;
    END PROCESS;
END bhv;
```

2. 液晶显示模块

（1）12864 液晶简介

12864 液晶（实物如图 6-1-4（a）所示）可以显示字母、数字符号、汉字、图形，操作简单，是测控系统中不可缺少的人工界面。之所以这个液晶大家都称它为"12864"，是因为它的分辨率为 128×64，即这个小屏幕有 128×64 个像素点（示意图如图 6-1-4（b）所示）。16×16 个像素就可以显示一个汉字，16×8 个像素就可以显示一个字符（英文字符）。当然这个液晶还可以绘制图形。12864 液晶由 128 列 64 行的点阵、控制器、背光电路三部分组成。其原理图如图 6-1-5 所示。

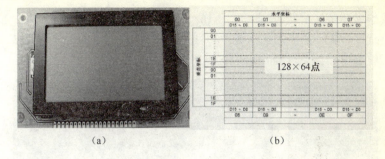

图 6-1-4 12864 实物图及示意图

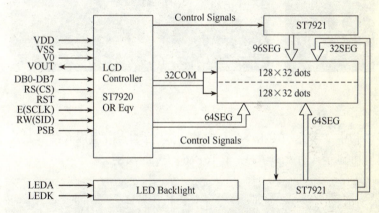

图 6-1-5 12864 原理框图

在数字电路中，所有的数据包括中英文字符和汉字都是以 0 和 1 保存的，显示字符和汉字的原理与七段数码管（在数字电路中学过）类似，不过是显示在点阵中，有 5×7、5×10、16×8、16×16 的点阵。如图 6-1-6（a）所示是一个 16×8 的点阵，图中每个小方块就是一个点，有亮和不亮两种状态，高电平（数据 1）为亮，低电平（数据 0）为不亮。控制各个点的数据就可以显示不同的字形。例如，要想显示英文字符"A",就给 16×8 点阵发送如图 6-1-6(b)所示的位代码数据,点亮的点组成"A"的字形。位代码用十六进制数据表示就是字模信息。要显示中文汉字需要 16×16 点阵。

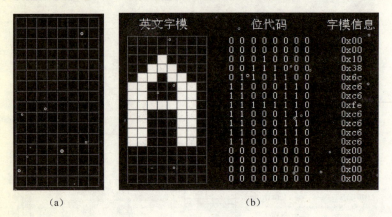

图 6-1-6 点阵示例

带中文字库的 128×64 由 128 列 64 行的点阵组成(图 6-1-7),每屏可显示 4 行 8 列共 32 个 16×16 点阵的汉字。

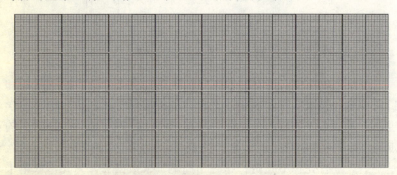

图 6-1-7 128×64 的 128 列 64 行点阵

(2) 控制器和存储器

12864 仅是一个点阵,相应点给 1 就亮,给 0 不亮,那么,它如何接收 MCU 或 FPGA 的信息?每个 12864 液晶内部都有控制器,常用的是 ST7920 控制器。对 LCD 控制器进行不同的数据操作,可以得到不同的结果。控制器内置了 HCGROM、CGROM 、CGRAM、DDRAM 存储器。控制器按时序接收指令,控制存储器以达到在点阵上显示相应内容的目的。下面先说说几个存储器的作用。

① DDRAM(显示用 RAM)。DDRAM 是和屏幕显示区域有对应关系的一组存储器,屏幕上的一个点和 DDRAM 中的一个位对应。要显示哪些字符,必须把它的字模写到 DDRAM 中才能显示出来。可分别显示 CGROM 与 CGRAM 的字形。此模块可显示三种字形,分别是半角英文数字形(16×8)、CGRAM 字形及 CGROM 的中文字形,三种字形的选择,由在 DDRAM 中写入的编码实现。在 0000H～0006H 的编码中(其代码分别是 0000、0002、0004、0006 共 4 个)将选择 CGRAM 的自定义字形,在 02H～7FH 的编码中将选择半角英文数字的字形,至于 A1 以上的编码将自动地结合下一个位元组,组成两个位元组的编码形成中文字形的编码 BIG5(A140～D75F),GB(A1A0～F7FFH)。在液晶模块中的地址为 80H～9FH。

② CGRAM(字形产生 RAM)。CGRAM 是控制芯片留给用户用以存储用户自己设计的字模编码,字形产生 RAM 提供图像定义(造字)功能,可以提供 4 组 16×16 点的自定义图像空间,使用者可以将内部字形没有提供的图像字形自行定义到 CGRAM 中,之后便可和 CGROM 中的定义一样通过 DDRAM 显示在屏幕中。

③ CGROM(中文字库)。CGROM 中存储了一些标准的字符的字模编码,是液晶屏出厂时固化在控制芯片中的,用户不能改变其中的存储内容,只能读取调用。A1A0H～F7FFH 显示 8192 种 GB2312 中文字库字形,见附录 B。

④ HCGROM（ASCII 码字库）。HCGROM 包含标准的 ASCII 码、日文字符和希腊文字符。02H～7FH 显示半宽 ASCII 码字符。

下面通过字符"A"的显示过程理解一个字符的显示步骤。

查表得字符"A"在 CGROM 中的地址为 0x41，即对应的存储空间中 0100 0001 这个存储单元中存储的字模编码为 0x00、0x00、0x10、0x38、0x6c、0xc6、0xc6、0xfe、0xc6、0xc6、0xc6、0xc6、0x00、0x00、0x00、0x00。在显示的过程中，DDRAM 逐条读取字模编码的信息，逐行显示在屏幕上对应位置，此时 DDRAM 中存储的数据就是所说的 16 字节的字符数据码。根据字模编码所在的存储器（CGROM 或 CGRAM）将所要显示的字符编码在上述存储器中的存储地址传送给 DDRAM，以找到此存储单元，然后将存储器内存储的字模编码读取到 DDRAM 中，最后将 DDRAM 中的字模编码显示到屏幕上对应位置。

鉴于如上的理解，在 DDRAM 中分时段存储两种数据。第一种数据是待显示字符在存储器中的存储地址，CGRAM 中的地址范围为 0x00～0x07，可存储 8 字节用户自定义编码；CGROM 中 0x20～0x7F 为标准的 ASCII 码，0xA0～0xFF 为日文字符和希腊文字符，0x10～0x1F 及 0x80～0x9F 没有定义。CGROM 中标准的 ASCII 字符的编码在存储器中的存储地址和此字符的 ASCII 编码是一致的，如字符"A"的标准的 ASCII 编码为 41H。在 CGROM 中，字符"A"的存储地址也为 0x41，即 0100 0001 所对应的存储空间。上述为 DDRAM 中存储的第一种数据，此时其存储的信息和对应于 ASCII 编码进行解读。第二种数据就是该字符对应的字模编码。

ST7920 的字符显示 RAM(DDRAM)最多可以控制 16 字元×4 行，LCD 的显示范围为 16 字元×2 行。这里要注意，其实 ST7920 的 DDRAM 每行都可以控制 16 个汉字，共有 4 行。但是 LCD 的每行只能显示 8 个字符。为了显示观察的方便，在 LCD 制作的过程中，将 DDRAM 的其中 2 行拆分成 4 行，然后在 LCD 上显示，也即是 DDRAM 只用到了一半。LCD 的显示字符的坐标地址如表 6-1-2 所示。

表 6-1-2　汉字显示坐标

	X 坐标							
Line1	80H	81H	82H	83H	84H	85H	86H	87H
Line1	90H	91H	92H	93H	94H	95H	96H	97H
Line1	88H	89H	8AH	8BH	8CH	8DH	8EH	8FH
Line1	98H	99H	9AH	9BH	9CH	9DH	9EH	9FH

从表 6-1-2 中不难看出，其中第 1 行和第 3 行是 DDRAM 中的同一行拆分来的，同理第 2 行、第 4 行也是 DDRAM 中的同一行拆分而来的。了解了这一点就不难理解下面程序中在换行显示时，为什么需要人为手动地指定下一行的地址。例如，如果第 1 行显示完了，下面的数据要接着显示在第 2 行，这样才符合人观察的习惯，那么在换第 2 行显示之前要手动地把显示地址切换到第 2 行。不然，第 1 行显示完了，地址会自动增加，就会显示到第 3 行中，这样观察起来就不自然了。

前面介绍 DDRAM 控制显示汉字、字符。下面介绍 GDRAM 控制显示图片，上电后，默认 DDRAM 是打开的，控制液晶显示。GDRAM 默认不打开，它里面的数据是随机的，如果此时打开 GDRAM，则 LCD 会同时受到 DDRAM 和 GDRAM 的控制，由于 GDRAM 中的数据是随机的，因此会显示乱码。所以在使用 GDRAM 之前要先清除里面的随机数据。

（3）工作模式

12864 有两种工作模式。并行模式和串行模式。并行模式就是常用的 8 位数据线，4 位控制线。这种方式虽然占用的 I/O 口较多，但是向液晶收发数据较容易实现，数据传输速率较快。所以在一些连续显示多幅图片、演示动画或对显示的实时性要求较高的场合，应该考虑这种方式。在并行模式中，在向液晶写数据或命令前，要进行液晶忙（BF）标志判断，要确定液晶显示不忙了，才能进行操作。如果在送出一个指令前不检查 BF 标志，则在前一个指令和这个指令中间必须延迟一段较长的时间，即等待前一个指令确定执行完成。指令执行的时间请参考指令表中的指令执行时间说明。

串行模式只用到了两根线 WR、EN 与单片机进行通信。这种方式可以大大减少单片机 I/O 口的开销，适用于 I/O 口资源有限的单片机。但是这种方式实现起来较麻烦，数据的传输效率不高。对于一般的文字，简单图形的显示还是可以接受的。

（4）读/写操作时序

12864 的读/写操作时序如图 6-1-8 所示。

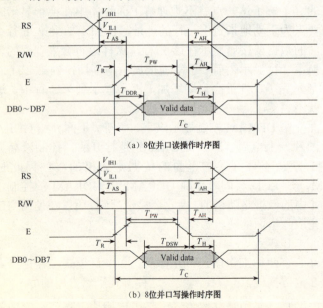

图 6-1-8　12864 的读写操作时序

（5）VHDL 程序

VHDL 程序如下，产生实体框图如图 6-1-9 所示。

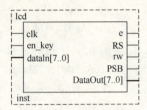

图 6-1-9　LCD 实体框图

```
LIBRARY ieee;
USE ieee.std_logic_1164.all;
USE ieee.std_logic_unsigned.all;
USE ieee.std_logic_arith.all;
ENTITY lcd is
PORT(   clk:in std_logic;en_key:in std_logic;
    dataIn:in std_logic_vector(7 downto 0);
        e,RS:out std_logic;
    rw,PSB:out std_logic;
    DataOut:out std_logic_vector(7 downto 0));
END lcd;

ARCHITECTURE bhv of lcd is
SIGNAL cnt:std_logic_vector( 15 downto 0);
SIGNAL sclk:std_logic;
TYPE controlArray is array (0 to 2) of std_logic_vector (7 downto 0);
CONSTANT Control :controlArray :=(x"30",x"0c",x"01");
TYPE state is (chushihua,w_addr,wait_key_down,wait_key_up,
        w_data,judageAddr);
SIGNAL m_cs :state:=chushihua;

BEGIN
psb<='1';rw<='0';
```

```vhdl
p1: PROCESS(clk)
BEGIN
IF(clk'event AND clk='0')THEN
IF(cnt="0110000110100111")THEN
sclk<=not sclk;cnt<=(others =>'0');ELSE cnt<=cnt+1;
END IF;END IF;END PROCESS;

p2: PROCESS(SCLK,en_key,datain)
VARIABLE count1,count2,addr_count:integer range 0 to 200 :=0;
BEGIN
    IF(sCLK'event AND sCLK='1') THEN
        CASE m_cs is
            WHEN chushihua=>
                IF(count1=2)THEN dataout<=control(count1);
                IF(count2=0)THEN e<='0';count2:=count2+1;
                ELSIF(count2=1)THEN e<='1';count2:=count2+1;
                ELSE count1:=0;count2:=0;e<='0';m_cs<=w_addr;
                END IF;ELSE
                dataout<=control(count1);IF(count2=0)THEN
                    e<='0';count2:=count2+1;
                ELSIF(count2=1)THEN e<='1';count2:=count2+1;
                ELSE count2:=0;e<='0';count1:=count1+1;m_
                    cs<=chushihua;
                END IF;END IF;

            WHEN w_addr=>rs<='0';
                CASE addr_count is
                    WHEN 0 =>dataout<=x"80";
                    WHEN 16=>dataout<=x"90";
                    WHEN 32=>dataout<=x"88";
                    WHEN 48=>dataout<=x"98";
                    WHEN others=>null;
                END CASE;
                IF(count2=0)THEN e<='0';count2:=count2+1;
                ELSIF(count2=1)THEN e<='1';count2:=count2+1;
                ELSE count2:=0;e<='0';m_cs<=wait_key_down;
                END IF;

            WHEN wait_key_down=>e<='0';rs<='0';dataout<=(others=>'0');
                IF(en_key='1')THEN m_cs<=w_data;
                ELSE m_cs<=wait_key_down;
                END IF;
            WHEN w_data=>rs<='1';dataout<=datain;
                IF(count2=0)THENe<='0';count2:=count2+1;
                ELSIF(count2=1)THEN e<='1';count2:=count2+1;
                ELSE count2:=0;e<='0';addr_count:=addr_count+1;m_
                    cs<=wait_key_up;
                END IF;

            WHEN wait_key_up=>e<='0';rs<='0';dataout<=(others=>'0');
                IF(en_key='0')THENm_cs<=judageAddr;
                ELSE m_cs<=wait_key_up;
                END IF;

            WHEN judageAddr=>IF(addr_count=0)THEN m_cs<=w_addr;
                ELSIF(addr_count=16)THEN m_cs<=w_addr;
                ELSIF(addr_count=32)THEN m_cs<=w_addr;
                ELSIF(addr_count=48)THEN m_cs<=w_addr;
                ELSE m_cs<=wait_key_down;
                END IF;END CASE;
    END IF;END PROCESS;
END bhv;
```

3. 转换控制模块

把 PS/2 键盘发送过来的键码翻译成 ASCII 码送给液晶 12864。VHDL 程序如下，实体符号如图 6-1-10 所示。

```vhdl
LIBRARY ieee;
USE ieee.std_logic_1164.all;
```

图 6-1-10 转换控制模块框图

```vhdl
USE ieee.std_logic_unsigned.all;
USE ieee.std_logic_arith.all;
ENTITY      PS/2ascii is
PORT(clk:in std_logic;
datain:in std_logic_vector(7 downto 0);
dataout:out std_logic_vector( 7 downto 0));
END      PS/2ascii;
ARCHITECTURE bhv of PS/2ascii is
BEGIN
PROCESS(clk)
BEGIN
IF(clk'event AND clk='1')THEN
    CASE datain is
        WHEN x"1c"=> dataout<=x"41";
        WHEN x"32"=> dataout<=x"42";
        WHEN x"21"=> dataout<=x"43";
        WHEN x"23"=> dataout<=x"44";
        WHEN x"24"=> dataout<=x"45";
        WHEN x"2b"=> dataout<=x"46";
        WHEN x"34"=> dataout<=x"47";
        WHEN x"33"=> dataout<=x"48";
        WHEN x"43"=> dataout<=x"49";
        WHEN x"3b"=> dataout<=x"4a";
        WHEN x"42"=> dataout<=x"4b";
        WHEN x"4b"=> dataout<=x"4c";
        WHEN x"3a"=> dataout<=x"4d";
        WHEN x"31"=> dataout<=x"4e";
        WHEN x"44"=> dataout<=x"4f";
        WHEN x"4d"=> dataout<=x"50";
        WHEN x"15"=> dataout<=x"51";
        WHEN x"2d"=> dataout<=x"52";
        WHEN x"1b"=> dataout<=x"53";
        WHEN x"2c"=> dataout<=x"54";
        WHEN x"3c"=> dataout<=x"55";
        WHEN x"2a"=> dataout<=x"56";
        WHEN x"1d"=> dataout<=x"57";
        WHEN x"22"=> dataout<=x"58";
        WHEN x"35"=> dataout<=x"59";
        WHEN x"1a"=> dataout<=x"5a";
        WHEN x"45"=> dataout<=x"30";
        WHEN x"16"=> dataout<=x"31";
        WHEN x"1e"=> dataout<=x"32";
        WHEN x"26"=> dataout<=x"33";
        WHEN x"25"=> dataout<=x"34";
        WHEN x"2e"=> dataout<=x"35";
        WHEN x"36"=> dataout<=x"36";
        WHEN x"3d"=> dataout<=x"37";
        WHEN x"3e"=> dataout<=x"38";
        WHEN x"46"=> dataout<=x"39";
        WHEN x"70"=> dataout<=x"30";
        WHEN x"69"=> dataout<=x"31";
        WHEN x"72"=> dataout<=x"32";
        WHEN x"7a"=> dataout<=x"33";
        WHEN x"6b"=> dataout<=x"34";
        WHEN x"73"=> dataout<=x"35";
        WHEN x"74"=> dataout<=x"36";
        WHEN x"6c"=> dataout<=x"37";
        WHEN x"75"=> dataout<=x"38";
        WHEN x"7d"=> dataout<=x"39";
        WHEN others=>dataout<=x"20";
    END CASE;END IF;END PROCESS;
END bhv;
```

4．建立顶层文件

在这里使用原理图的方式，如图 6-1-11 所示。

5．选择器件进行引脚分配

引脚分配图如图 6-1-12 所示。下载实现。

第 6 章 应用实例

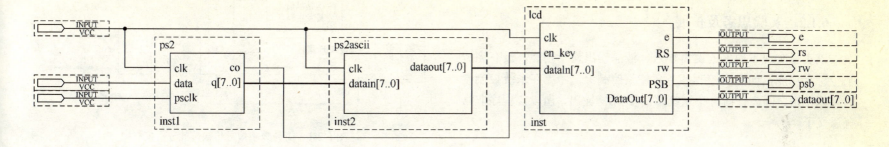

图 6-1-11　顶层原理图

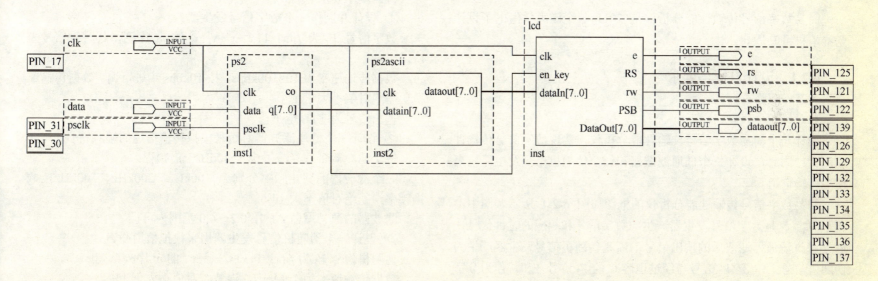

图 6-2-12　引脚分配图

6.1.2 实验思考及扩展

该实验实现了简单的键盘输入、液晶输出显示功能,没有完成某一特定功能,如温度控制、身高体重控制等。考虑在系统控制中的具体使用,因为任何一个系统都需要输入/输出,所以该程序非常有意义了。

6.2 简易数字信号传输性能分析仪

简易数字信号传输性能分析仪是 2011 年全国大学生电子设计竞赛本科组 E 题。

6.2.1 设计目标与要求

1. 任务

设计一个简易数字信号传输性能分析仪,实现数字信号传输性能测试;同时,设计三个低通滤波器和一个伪随机信号发生器用来模拟传输信道。

简易数字信号传输性能分析仪的框图如图 6-2-1 所示。图中,V_1 和 $V_{1\text{-clock}}$ 是数字信号发生器产生的数字信号和相应的时钟信号;V_2 是经过滤波器滤波后的输出信号;V_3 是伪随机信号发生器产生的伪随机信号;V_{2a} 是 V_2 信号与经过电容 C 的 V_3 信号之和,作为数字信号分析电路的输入信号;V_4 和 $V_{4\text{-syn}}$ 是数字信号分析电路输出的信号号和提取的同步信号。

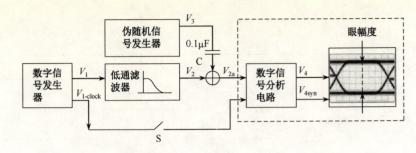

图 6-2-1 简易数字信号传输性能分析仪框图

2. 要求

(1)基本要求

① 设计并制作一个数字信号发生器:

数字信号 V_1 为 $f_1(x)=1+x^2+x^3+x^4+x^8$ 的 m 序列,其时钟信号为 $V_{1\text{-clock}}$。

数据传输速率为 10~100kbps,按 10kbps 步进可调。数据传输速率误差绝对值不大于 1%。

输出信号为 TTL 电平。

② 设计三个低通滤波器,用来模拟传输信道的幅频特性:

每个滤波器带外衰减不少于 40dB/十倍频程;

三个滤波器的截止频率分别为 100kHz、200kHz、500kHz,截止频率误差绝对值不大 10%;

滤波器的通带增益 AF 在 0.2~4.0 范围内可调。

③ 设计一个伪随机信号发生器用来模拟信道噪声:

伪随机信号 V_3 为 $f_2(x)=1+x+x^4+x^5+x^{12}$ 的 m 序列;

数据传输速率为 10Mbps,误差绝对值不大于 1%;

输出信号峰峰值为 100mV,误差绝对值不大于 10%。

④ 利用数字信号发生器产生的时钟信号 $V_{1\text{-clock}}$ 进行同步,显示

数字信号 V_{2a} 的信号眼图，并测试眼幅度。

(2) 发挥部分

① 要求数字信号发生器输出的 V_1 采用曼彻斯特编码。

② 要求数字信号分析电路能从 V_{2a} 中提取同步信号 $V_{4\text{-syn}}$ 并输出；同时，利用所提取的同步信号 $V_{4\text{-syn}}$ 进行同步，正确显示数字信号 V_{2a} 的信号眼图。

③ 要求伪随机信号发生器输出信号 V_3 幅度可调，V_3 的峰峰值范围为 100mV~TTL 电平。

④ 改进数字信号分析电路，在尽量低的信噪比下能从 V_{2a} 中提取同步信号 $V_{4\text{-syn}}$，并正确显示 V_{2a} 的信号眼图。

⑤ 其他。

3. 说明

(1) 在完成基本要求时，数字信号发生器的时钟信号 $V_{1\text{-clock}}$ 送给数字信号分析电路（图 6-2-1 中开关 S 闭合）；而在完成发挥部分时，$V_{1\text{-clock}}$ 不允许送给数字信号分析电路（开关 S 断开）。

(2) 要求数字信号发生器和数字信号分析电路各自制作一块电路板。

(3) 要求 V_1、$V_{1\text{-clock}}$、V_2、V_{2a}、V_3 和 $V_{4\text{-syn}}$ 信号预留测试端口。

(4) 基本要求①和③中的两个 m 序列，根据所给定的特征多项式 $f_1(x)$ 和 $f_2(x)$，采用线性移位寄存器发生器来产生。

(5) 基本要求②中的低通滤波器要求使用模拟电路实现。

(6) 眼图显示可以使用示波器，也可以使用自制的显示装置。

(7) 发挥部分④中要求的"尽量低的信噪比"，即在保证能正确提取同步信号 $V_{4\text{-syn}}$ 前提下，尽量提高伪随机信号 V_3 的峰峰值，使其达到最大，此时数字信号分析电路的输入信号 V_{2a} 信噪比为允许的最低信噪比。

6.2.2 总体设计

用 FPGA 可编程逻辑器件作为控制及数据处理的核心，用 VHDL 语言编程来产生数字信号伪随机信号（数字信号频率为 10～100kHz，步进为 10kHz，伪随机信号频率为 10MHz）。在发送端产生数字信号，发送过程中数字信号通过低通滤波器，并用 10MHz 伪随机信号进行一定处理后，模拟加性噪声。伪随机信号叠加在通过低通滤波器的数字信号上，用三种不同的低通滤波器模拟三种不同的信道，在接收端进行一定的数字信号处理，最终输出用示波器来判断传输性能。

由于 FPGA 可在线编程，因此大大加快了开发速度。电路中的大部分逻辑控制功能都由单片 FPGA 完成，多个功能模块如采样频率控制模块、数据存储模块都集中在单个芯片上，大大简化了外围硬件电路设计，增加了系统的稳定性和可靠性。FPGA 的高速性能比其他控制芯片更适合于高速数据采集和处理。系统总体框图如图 6-2-2 所示。

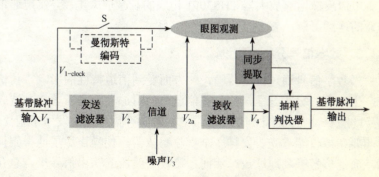

图 6-2-2 系统总体框图

6.2.3 各分支电路设计

1. m 序列数字信号发生电路设计

在本设计中，m 序列数字发生电路包含数字信号发生器和伪随机数字信号发生器，采用前端数据发生控制器 FPGA 来产生，其中曼彻斯特编码的产生是将 m 序列输出的信号通过一个异或门来输出。

2. 低通滤波器电路设计

由于一阶滤波器的衰减率只有 20dB/十倍频程，若要求滤波器带外衰减以 40dB 或 60dB/十倍频程的斜率变化，则需采用二阶、三阶的滤波电路。题目中要求每个滤波器的带外衰减不少于 40dB/十倍频程，滤波器的通带增益 AF 在 0.2~4.0 范围内可调。所以在滤波器电路设计中，采用 OPA227 及 OPA228 搭建了截止频率分别为 100kHz、200kHz、500kHz 的四阶有源低通滤波电路，并将其通过单路高压低失真电流反馈运算放大器 THS3091 构成的衰减放大电路，实现通带增益的连续可调。

3. 数字信号分析电路设计

当数字信号通过信道传输，一方面受到信道特性的影响，使信号产生畸变；另一方面，信号被信道中的附加性噪声所叠加，造成信号的随机畸变，因此到达接收端的基带脉冲信号已经发生了畸变，为此要在接收端首先要安排一个接收滤波器，使噪声尽量地得到抑制，而使信号顺利地通过，然而在接收滤波器的输出信号里，总存在畸变和混和噪声。为了提高系统性能，添加一个滞回比较器，再通过 FPGA 实现数字锁相环提取位同步信号。

在本设计中，在信号的接收端，首先通过一个以 OPA228 为核心，搭建的截止频率为 100kHz 的低通滤波器，在通过以 THS4012 为核心的迟滞比较器电路后，再将信号接入 FPGA，通过位同步锁相法得到位同步信号。其中迟滞比较器的电路原理图如图 6-2-3 所示。

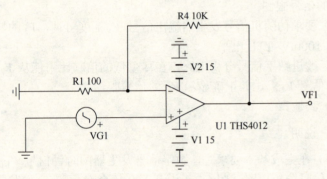

图 6-2-3 迟滞比较器的电路原理图

6.2.4 EDA 设计分析及程序设计

1. m 序列数字信号发生器原理

m 序列发生器是一种反馈移位型结构的电路，它由 n 级移位寄存器加异或反馈网络组成，其生成序列长度 $P = 2^n - 1$，且只有 1 个冗余状态即 0 状态，所以称为最长线性反馈移位寄存器序列。由于带有反馈，因此在移位脉冲作用下，移位寄存器各级的状态将不断变化，通常移位寄存器的最后一级做输出，输出序列是一个周期序列，其特性由移位寄存器的级数、初始状态、反馈逻辑以及时钟速率(决定着输出码元的宽度)所决定。当移位寄存器的级数与时钟一定时，输出序列就由移位寄存器的初始状态和反馈逻辑所完全确定。

本次设计中采用 VHDL 语言实现 m 序列电路是周期、初相位可编程变化的，其应用较为灵活，通过微处理器对其进行适当的初始化，即可产生用户所需周期、初相位的 m 序列输出。参考程序如下：

```
LIBRARY ieee;            --数字信号m序列发生器
USE ieee.std_logic_1164.all;
USE ieee.std_logic_unsigned.all;
ENTITY m is
PORT( clk,rd:in std_logic;
            reset:in std_logic;
            Q:out std_logic);
END ENTITY m;
ARCHITECTURE behave of m is
COMPONENT dff1
PORT( rd,d,clk:in std_logic;
            q : out std_logic);
END COMPONENT;
SIGNAL    data:std_logic_vector(8 downto 0):="000000000";
BEGIN
data<="100011101"    WHEN rd='0' ELSE NULL;
g1:for i in 0 to 7 generate
dIFfx:dff1 PORT map(rd,data(i),clk,data(i+1));
END generate g1;
PROCESS(clk)
BEGIN
    data<="100011101";
    IF rising_edge(clk) THEN
        IF data="000000000" THEN
            data(0)<='1';
        ELSE
            data(0)<=data(8) xor data(4) xor data(3) xor data(2) xor data(0);
        END IF;
    END IF;
END PROCESS;
    Q<=data(0);
END behave;
```

2. 曼彻斯特信号发生器原理

曼彻斯特编码（Manchester Code，又称为裂相码、双向码），是一种用电平跳变来表示 1 或 0 的编码，其变化规则很简单，即每个码元均用两个不同相位的电平信号表示，也就是一个周期的方波，但 0 码和 1 码的相位正好相反。

其对应关系为：

0→01

1→10

如信码为：

0 1 0 0 0 1 0 1 1 0

则其对应的曼彻斯特编码为：

01 10 01 01 01 10 01 10 10 01

曼彻斯特编码是一种自同步的编码方式，即时钟同步信号就隐藏在数据波形中。在曼彻斯特编码中，每位的中间有一个跳变，位中间的跳变既作为时钟信号，又作为数据信号；从高到低跳变表示"1"，从低到高跳变表示"0"。每个码元都被调成两个电平，所以数据传输速率只有调制速率的 1/2。参考程序如下：

```
LIBRARY ieee;                --曼彻斯特信号发生器
USE ieee.std_logic_1164.all;
USE ieee.std_logic_arith.all;
USE ieee.std_logic_unsigned.all;
```

```
ENTITY code is
PORT(clkin:in std_logic;
     clkout:out std_logic;
         di:in std_logic;    --数字信号
         do:out std_logic);  --曼彻斯特信号
END code;
ARCHITECTURE behave of code is
SIGNAL cnt:std_logic;
SIGNAL count:std_logic;
SIGNAL fpclk:std_logic;
SIGNAL temp:std_logic;
BEGIN
PROCESS(clkin)
BEGIN
    IF(clkin'event AND clkin='1')THEN
        cnt<=not cnt;
    END IF;
END PROCESS;
fpclk<=cnt;
PROCESS(clkin)
BEGIN
    IF(clkin'event AND clkin='1')THEN
        IF(count='0')THEN
            do<=not di;
        ELSE
            do<= di;
        END IF;
        count<=not count;
    END IF;
```
```
END PROCESS;
clkout<=fpclk;
END behave;
```

3. 伪随机信号发生器原理

真正意义上的随机数（或者随机事件）在某次产生过程中是按照实验过程中表现的分布概率随机产生的，其结果是不可预测的，是不可见的。而计算机中的随机函数是按照一定算法模拟产生的，其结果是确定的，是可见的。我们可以这样认为，这个可预见的结果其出现的概率是 100%。所以用计算机随机函数所产生的"随机数"并不随机，是伪随机数。

伪随机信号的产生也是经过 FPGA 的线性移位寄存器产生的，要求幅度可调，所以可以加一级射极跟随器，同时便于后面加法电路的驱动。参考程序如下：

```
LIBRARY ieee;            --伪随机信号发生器
USE ieee.std_logic_1164.all;
USE ieee.std_logic_unsigned.all;
ENTITY wm is
PORT( clk,rd: in std_logic;
      reset:in std_logic;
      Q:out std_logic);
END ENTITY wm;
ARCHITECTURE bhv of wm is
COMPONENT dff1
PORT( rd,d,clk:in std_logic;
      q : out std_logic);
END COMPONENT;
SIGNAL  data:std_logic_vector(12 downto 0):="0000000000000";
```

```
BEGIN
data<="100011101"    WHEN rd='0' ELSE NULL;
g1:for i in 0 to 11 generate
dIFfx:dff1 PORT map(rd,data(i),clk,data(i+1));
END generate g1;
PROCESS(clk)
BEGIN
    data<="100011101";
    IF rising_edge(clk) THEN
        IF data="0000000000000" THEN
            data(0)<='1';
        ELSE
            data(0)<=data(12) xor data(5) xor data(4) xor data(1) xor data(0);
        END IF;END IF;END PROCESS;
Q<=data(0);
END behave;
```

6.2.5 设计总结

本系统采用数字锁相提取位同步信号的方法，充分利用 FPGA 的内部资源产生信道码元信号及伪随机信号，并将此码元信号通过由低通滤波器及伪随机信号构建的模拟信道后，能够在接收端通过以 FPGA 为核心的数字信号处理电路制作完成简易数字信号传输特性分析仪。本系统数字信号发生器的数据传输速率为 10~100kbps，且按 10kbps 步进可调；伪随机信号发生器的数据传输速率为 10Mbps，峰峰值连续可调；100kHz、200kHz、500kHz 的低通滤波器的通带增益分别连续可调；通过自制液晶屏也能够较为清晰地显示眼图。而且，在系统设计中，采用了先进的 EDA 技术，用 FPGA 代替数字分立元件电路，简化了相关器件复杂的逻辑电路设计，克服了分立数字器件饱和，以及易受电源和环境温度变化影响等缺点，而且具有可靠性高、体积小、功耗低、易于更改和升级等优点。

6.3 数字电子钟

本节通过 VHDL 语言编程实现数字电子钟。数字钟框图如图 6-3-1 所示。采用 CPLD 实现数字钟的时、分、秒准确计数，完成数字的动态扫描显示。

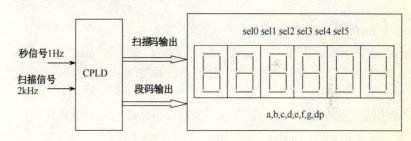

图 6-3-1 数字钟框图

6.3.1 设计思路

（1）利用 1s 信号作为秒计数器输入信号，该计数器为六十进制，输出采用个位、十位两组 BCD 码输出以及进位位输出形式。

（2）分计数器利用秒计数器进位输出信号作为分计数器输入信号，该计数器采用六十进制，输出采用个位、十位两组 BCD 码输出以及进位位输出形式。

（3）小时计数器利用分计数器进位输出信号作为小时计数器输入信号，该计数器采用二十四进制，输出采用个位、十位两组 BCD 码输出以及进位位输出形式。

（4）8 选一（4 位）多路数据选择器：输入为 8 路，每路 4 位，对应秒/分/时的个位和十位，共 6 路，还有两路对应时分秒之间的两个分隔，共 8 路；由三位地址码来控制，输出为 8 路中的一路。

（5）4 位 BCD 码译成七段码：由 8 路输入被选中输出作为 4 位 BCD 码译成七段码的输入，输出为七位段码，提供给 LED。

（6）八进制计数器：设计一个简单的计数器，输入采用 1ms 的信号作为输入信号；计数输出从 000 到 111 自动回到 000 状态，该计数器的输出作为 8 选一（4 位）多路数据选择器的控制端，同时作为 LED 位码硬件 74LS138 的输入端，进而保证动态扫描位码和段码输出的一致，例如，八进制计数器输出为 000 时，8 选一（4 位）多路数据选择器选中秒的个位，通过 4 位 BCD 码译成七段码，变成相应的七位段码，同时八进制计数器的输出 000 又作为位码送给 74LS138 的输入端，使 Y0 有效，为低电平，使对应的最右端 LED 被选中，进而在该 LED 上输出相应的秒的个位数值。

（7）该设计使用了元件例化语句，把底层已设计好的（以上 6 个底层）元件有机地连接一起，就完成了数字钟的设计。

6.3.2 各模块程序

1．4 位 BCD 码译成七段码

4 位 BCD 码输入，8 位段码输出。实体如图 6-3-2 所示。

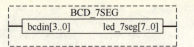

图 6-3-2 BCD 码译成七段码实体图

程序如下（bcd_7seg.vhd）：

```vhdl
LIBRARY ieee;
USE ieee.std_logic_1164.all;
USE ieee.std_logic_unsigned.all;
ENTITY bcd_7seg is
PORT(
    bcdin:in    std_logic_vector(3 downto 0);      --bcd码输入
    led_7seg:out std_logic_vector(7 downto 0));
END;
ARCHITECTURE zhao1 of bcd_7seg is

BEGIN
   PROCESS(bcdin)
   BEGIN
     CASE bcdin is
        WHEN "0000" => led_7seg <="00111111";    --"0"
        WHEN "0001" => led_7seg <="00000110";    --"1"
        WHEN "0010" => led_7seg <="01011011";    --"2"
        WHEN "0011" => led_7seg <="01001111";    --"3"
        WHEN "0100" => led_7seg <="01100110";    --"4"
        WHEN "0101" => led_7seg <="01101101";    --"5"
        WHEN "0110" => led_7seg <="01111101";    --"6"
        WHEN "0111" => led_7seg <="00000111";    --"7"
        WHEN "1000" => led_7seg <="01111111";    --"8"
        WHEN "1001" => led_7seg <="01101111";    --"9"
```

```
            WHEN "1010" => led_7seg <="01000000";    --"-"
            WHEN others => led_7seg <="00000000";    --" "
        END CASE;
    END PROCESS;
END;
```

2. 8选一（4位）多路数据选择器

通过 3 位二进制输入，从 8 组数据中选择其中一组输出，实体如图 6-3-3 所示。

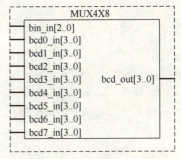

图 6-3-3　数据选择器实体图

程序如下（mux4x8.vhd）：

```
LIBRARY ieee;
USE ieee.std_logic_1164.all;
USE ieee.std_logic_unsigned.all;
ENTITY mux4x8 is
PORT(
        bin_in:in    std_logic_vector(2 downto 0);    --扫描码输入
        bcd0_in:in   std_logic_vector(3 downto 0);    --bcd0码输入
        bcd1_in:in   std_logic_vector(3 downto 0);    --bcd1码输入
        bcd2_in:in   std_logic_vector(3 downto 0);    --bcd2码输入
        bcd3_in:in   std_logic_vector(3 downto 0);    --bcd3码输入
        bcd4_in:in   std_logic_vector(3 downto 0);    --bcd4码输入
        bcd5_in:in   std_logic_vector(3 downto 0);    --bcd5码输入
        bcd6_in:in   std_logic_vector(3 downto 0);    --bcd6码输入
        bcd7_in:in   std_logic_vector(3 downto 0);    --bcd7码输入
        bcd_out:out std_logic_vector(3 downto 0));    --bcd 码输出
END;

ARCHITECTURE zhao of mux4x8 is

BEGIN
    PROCESS(bin_in)
    BEGIN
        CASE bin_in is
            WHEN "000" => bcd_out <= bcd0_in;    --"0"
            WHEN "001" => bcd_out <= bcd1_in;    --"1"
            WHEN "010" => bcd_out <= bcd2_in;    --"2"
            WHEN "011" => bcd_out <= bcd3_in;    --"3"
            WHEN "100" => bcd_out <= bcd4_in;    --"4"
            WHEN "101" => bcd_out <= bcd5_in;    --"5"
            WHEN "110" => bcd_out <= bcd6_in;    --"6"
            WHEN "111" => bcd_out <= bcd7_in;    --"7"
            WHEN others => null;
        END CASE;
    END PROCESS;
END;
```

3. 八进制加法计数器

控制显示器动态输出 3 位二进制扫描编码。实体图如图 6-3-4 所示。

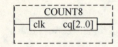

图 6-3-4　加法计数器实体图

程序如下（count8.vhd）：

```vhdl
LIBRARY ieee;
USE ieee.std_logic_1164.all;
USE ieee.std_logic_unsigned.all;
ENTITY count8 is
    PORT(   clk:in std_logic;
            cq:out std_logic_vector(2 downto 0));
END;
ARCHITECTURE zhao of count8 is
BEGIN
    PROCESS (clk)
        VARIABLE cqi:std_logic_vector(3 downto 0);
        BEGIN
            IF clk'event AND clk='1'THEN
                cqi:=cqi+1;
            END IF;
            cq<=cqi;
    END PROCESS;
END;
```

4. 六十进制计数器（2 位 BCD 码输出）

电子钟的秒和分钟计数，实体图如图 6-3-5 所示。

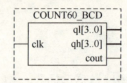

图 6-3-5　六十进制计数器实体图

程序如下（count60_BCD.vhd）：

```vhdl
LIBRARY ieee;
USE ieee.std_logic_1164.all;
USE ieee.std_logic_unsigned.all;
ENTITY count60_bcd is
    PORT(   clk:in std_logic;
            ql:out std_logic_vector(3 downto 0);   --个位
            qh:out std_logic_vector(3 downto 0);   --十位
            cout:out std_logic);
END;
ARCHITECTURE zhao of count60_bcd is
BEGIN
    PROCESS (clk)
        VARIABLE cql,cqh:std_logic_vector(3 downto 0);
        BEGIN
            IF clk'event AND clk='1'THEN
                IF cql<9 THEN cql:=cql+1;
                ELSE
                    cql:="0000";
                    IF cqh<5 THEN cqh:=cqh+1;
                    ELSE
```

```
                cqh:="0000";
            END IF;
         END IF;
      END IF;
      IF (cqh=5 AND cql=9) THEN cout <='0';
      ELSE cout<='1';
      END IF;
      ql<=cql;
      qh<=cqh;
   END PROCESS;
END;
```

5. 二十四进制计数器（2 位 BCD 码输出）

电子钟的小时计数，实体图如图 6-3-6 所示。

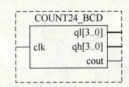

图 6-3-6 二十四进制计数器实体图

程序如下（count24_BCD.vhd）：

```
LIBRARY ieee;
USE ieee.std_logic_1164.all;
USE ieee.std_logic_unsigned.all;
ENTITY count24_bcd is
   PORT(   clk:in std_logic;
           ql:out std_logic_vector(3 downto 0);   --个位
           qh:out std_logic_vector(3 downto 0);   --十位
           cout:out std_logic);
END;
ARCHITECTURE zhao of count24_bcd is
BEGIN
   PROCESS (clk)
      VARIABLE cql,cqh:std_logic_vector(3 downto 0);
   BEGIN
      IF clk'event AND clk='1'THEN
         IF cql<9 THEN cql:=cql+1;
         ELSE
            cql:="0000";
            cqh:=cqh+1;
         END IF;
      END IF;
      IF (cqh=2 AND cql=4) THEN
         cql:="0000";
         cqh:="0000";
      END IF;
      IF (cqh=2 AND cql=3) THEN cout <='0';
      ELSE cout<='1';
      END IF;
      ql<=cql;
      qh<=cqh;
   END PROCESS;END;
```

6.3.3 数字电子钟实现

采用上述 5 种元器件通过例化构成电子钟顶层文件，最终实现电子钟。

clk1：秒脉冲输入（1Hz）。
clk2：扫描脉冲输入（2kHz）。
scan_out：扫描二进制编码输出。
led_out：LED 段码输出。
cout1：进位输出。
（1）顶层程序如下（clock.vhd）：

```vhdl
LIBRARY ieee;
USE ieee.std_logic_1164.all;
USE ieee.std_logic_unsigned.all;
ENTITY clock is
PORT(       clk1:in std_logic;
                                --秒信号输入
            clk2:in std_logic;
                                --扫描时钟输入
        scan_out:out std_logic_vector(2 downto 0);
                                --扫描码输出
        led_out:out std_logic_vector(7 downto 0);
                                --七段码输出
            cout1:out std_logic);
                                --进位输出
END;
ARCHITECTURE zhao of clock is
COMPONENT bcd_7seg
PORT(
        bcdin:in   std_logic_vector(3 downto 0);
                                --bcd码输入
        led_7seg:out std_logic_vector(7 downto 0));
END COMPONENT bcd_7seg;
```

```vhdl
COMPONENT mux4x8
PORT(
        bin_in:in   std_logic_vector(2 downto 0);
                                --扫描码输入
        bcd0_in:in   std_logic_vector(3 downto 0);
                                --bcd0码输入
        bcd1_in:in   std_logic_vector(3 downto 0);
                                --bcd1码输入
        bcd2_in:in   std_logic_vector(3 downto 0);
                                --bcd2码输入
        bcd3_in:in   std_logic_vector(3 downto 0);
                                --bcd3码输入
        bcd4_in:in   std_logic_vector(3 downto 0);
                                --bcd4码输入
        bcd5_in:in   std_logic_vector(3 downto 0);
                                --bcd5码输入
        bcd6_in:in   std_logic_vector(3 downto 0);
                                --bcd6码输入
        bcd7_in:in   std_logic_vector(3 downto 0);
                                --bcd7码输入
        bcd_out:out std_logic_vector(3 downto 0));
                                --bcd 码输出
END COMPONENT mux4x8;
COMPONENT count8
PORT(   clk:in std_logic;
        cq:out std_logic_vector(2 downto 0));
END COMPONENT count8;
COMPONENT count60_bcd
PORT(   clk:in std_logic;
        ql:out std_logic_vector(3 downto 0);   --个位
```

```
        qh:out std_logic_vector(3 downto 0);   --十位
        cout:out std_logic);
END COMPONENT count60_bcd;
COMPONENT count24_bcd
PORT(    clk:in std_logic;
        ql:out std_logic_vector(3 downto 0);   --个位
        qh:out std_logic_vector(3 downto 0);   --十位
        cout:out std_logic);
END COMPONENT count24_bcd;

SIGNAL a,b,c,d:std_logic;
SIGNAL a3:std_logic_vector(2 downto 0);
SIGNAL sl,sh,ml,mh,hl,hh,kk,mm:std_logic_vector(3 downto 0);
SIGNAL a8:std_logic_vector(7 downto 0);
BEGIN
    u1:count8 PORT map (clk=>clk2,cq=>a3);
                        --动态扫描输出
    u2:count60_bcd PORT map (clk=>clk1,ql=>sl,qh=>sh,cout=>b);
                        --秒计数(六十进制计数)
    u3:count60_bcd PORT map (clk=>b,ql=>ml,qh=>mh,cout=>c);
                        --分计数(六十进制计数)
    u4:count24_bcd PORT map (clk=>c,ql=>hl,qh=>hh,cout=>d);
                        --时计数(六十进制计数)
    u5:mux4x8 PORT map (bin_in=>a3,bcd0_in=>sl,bcd1_in=>sh,
        bcd2_in=>kk,bcd3_in=>ml,bcd4_in=>mh,bcd5_in=>kk,
        bcd6_in=>hl,bcd7_in=>hh,bcd_out=>mm);
    u6:bcd_7seg PORT map (bcdin=>mm,led_7seg=>a8);
    kk<="1010";
    scan_out <= a3;
    led_out<=a8;
```

```
        cout1<=d;
END;
```

（2）引脚分配接线图如图 6-3-7 所示。

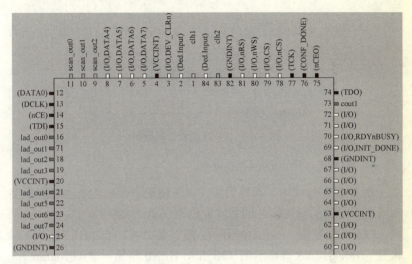

图 6-3-7　引脚分配图

6.4　可编程方波发生器（PWG）的设计

6.4.1　设计要求

PWG 实验台工作原理图如图 6-4-1 所示。设计一可编程方波发生器，可编程改变方波的周期和占空比。PWG 有三种工作方式：编程（P）、准备（R）、波形发生（G），具体描述如下。

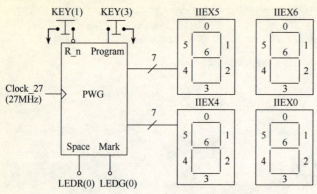

图 6-4-1　PWG 工作原理框图

1. P 方式（Program mode）：

在 P 工作方式下，可以设置 PWG 输出方波高电平的时间宽度和低电平时间的宽度，时间宽度取值范围为 1~99 秒。

（1）系统复位：合上电源开关，按下 KEY（3 键）。HEX5、HEX4 将显示 00，HEX6 将显示 H（High），HEX0 将显示 P（Program），LEDG（0）和 LEDR（0）灭。

（2）设置每个输出方波高电平时间宽度（单位：秒）：在复位状态下长按 KEY（1）键，每隔 1 秒，HEX5、HEX4 显示加数 1，松开 KEY（1）键，HEX5、HEX4 所显示的数是输出方波高电平宽度（Mark），HEX6 将显示 H，HEX0 将显示 P，两个 LED 指示灯灭。

（3）设置的每个输出方波低电平时间宽度（单位：秒）：先按下 KEY（1）键并松开（设置输出方波低电平时间间隔），此时 HEX5、HEX4 将显示 00，HEX6 将显示 L（Low），HEX0 将显示 P（Program），LEDG（0）和 LEDR（0）灭。

然后长按 KEY（1）键，每隔 1 秒，HEX5、HEX4 显示加数 1，松开 KEY（1）键，HEX5、HEX4 所显示的数是输出方波低电平宽度（Space），HEX6 将显示 L，HEX0 仍将显示 P，两个 LED 指示灯灭。

再一次按下并松开 KEY（1）键，方波占空比设置完成，编程工作方式（P）结束，PWG 进入准备工作方式（R）。

2. 准备工作方式（Ready mode）

在此方式下，HEX5、HEX4 显示 00，HEX6 灭，HEX0 将显示 P 并以 3Hz 频率闪烁，两个 LED 指示灯灭。在任何时刻按下 KEY（3）键，PWG 工作方式将转为复位状态。

3. 波形发生方式（Generate mode）

再一次按下 KEY（1）键，PWG 以设置好的占空比进入波形发生工作方式。HEX5、HEX4 将显示发生方波的高电平宽度，并且每经 1 秒显示减 1 直到 01。在高电平期间（Mark time），LEDG 亮，LEDR 灭；然后 HEX5、HEX4 以上述低电平工作方式显示 Space time（低电平输出剩余时间），LEDG 灭，LEDR 亮。PWG 以这种方式不停进行高（Mark）、低（Space）电平转换输出，直到按 KEY（3）复位按键，PWG 进入复位状态。在波形发生工作方式下，HEX6 和 HEX0 灭。

6.4.2　设计思路

分析题目要求，系统可分为 6 种状态：复位状态（Reset），输出高电平编程状态（H_Program），低电平准备状态（L_Ready），输出低电平编程状态（L_Program），准备状态（Ready），波形产生状态（G_Model），状态转换图如图 6-4-2 所示。

第6章 应用实例

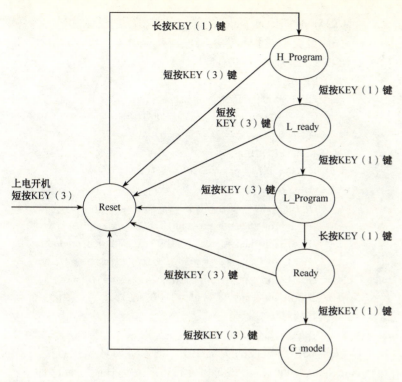

图 6-4-2　PWG 状态转换图

6.4.3　各模块程序

设计分为三个模块：分频模块、显示模块 LED、状态机模块 PWG。

1. 分频模块

系统时钟为 27MHz，先进行 9000000 分频，得到 3Hz 时钟（周期 1/3 秒），也用于各数码管显示计数器周期（1 秒）。

```
CONSTANT ones: integer range 0 to 9000000 := 9000000;
PROCESS (clk)
    VARIABLE count: integer range 0 to   9000000 :=0;
                                        --一秒计数变量
  BEGIN
    IF (clk'event AND clk = '1') THEN
      count := count + 1;
      IF (count = ones) THEN
        count := 0;
        clk1 <= not clk1;
      END IF;
    END IF;
END PROCESS;
```

2. 七段数码显示模块

七段数码管显示实体图如图 6-4-3 所示。

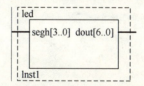

图 6-4-3　七段数码管显示实体图

```
LIBRARY ieee;
USE ieee.std_logic_1164.all;
USE ieee.std_logic_unsigned.all;
ENTITY led is--共阳极七段数码管
--4位二进制数转换成7段输出
PORT(   segin:in std_logic_vector(3 downto 0);
    --dout从低位对应a,b,c,d,e,f,g
    dout :out std_logic_vector(6 downto 0));
```

```
END led ;
ARCHITECTURE bhv of led is
BEGIN
PROCESS(segin)
BEGIN
    CASE segin is
        WHEN "0000" =>dout<="1000000"; --0
        WHEN "0001" =>dout<="1111001"; --1
        WHEN "0010" =>dout<="0100100"; --2
        WHEN "0011" =>dout<="0110000"; --3
        WHEN "0100" =>dout<="0011001"; --4
        WHEN "0101" =>dout<="0010010"; --5
        WHEN "0110" =>dout<="0000010"; --6
        WHEN "0111" =>dout<="1111000"; --7
        WHEN "1000" =>dout<="0000000"; --8
        WHEN "1001" =>dout<="0010000"; --9
        WHEN others=>dout<="1000000"; --0;
    END CASE;
END PROCESS;
END bhv;
```

3. 状态机模块 PWG

（1）定义状态。

```
TYPE state is (reset,          --复位状态
               h_program,      --高电平输出编程状态
               l_ready,        --低电平输出编程准备状态
               l_program,      --低电平输出编程状态
               ready,          --准备状态
               g_model);       --方波发生状态
SIGNAL pr_state, nx_state:  state;   --现态，次态
```

（2）采用经典双进程状态机写法。

```
PROCESS (k1,k3)      --进程1
    BEGIN
        IF (k3 = '0') THEN    pr_state <= reset;
            ELSIF (k1'event AND k1='0') THEN    pr_state <= nx_state;
        END IF;
    END PROCESS;
PROCESS (clk1,k1,pr_state)      --进程2
    BEGIN
        IF (pr_state = reset) THEN    nx_state <= h_program;
        ELSIF (pr_state = h_program) THEN    nx_state <= l_ready;
        ELSIF (pr_state = l_ready) THEN nx_state <= l_program;
        ELSIF (pr_state = l_program) THEN    nx_state <= ready;
        ELSIF (pr_state = ready) THEN    nx_state <= g_model;
        ELSIF (pr_state = g_model) THEN nx_state <= reset;
        END IF;
    END PROCESS;
```

（3）按键长按、短按的实现在于计时不计时，短按直接用语句 if (k1'event and k1='0') then 就可以实现；长按要计时，程序如下：

```
IF (k1 = '0') THEN
    IF (clk1'event  AND  clk1 = '1')   THEN
                    --clk1为1/3秒时钟
        c1 := c1 + 1;
        IF (c1 = "11") THEN c1 := "00";
    END IF; END IF;
```

（4）把上面程序综合到一起作为 PWG 模块。PWG 实体图如图 6-4-4 所示。

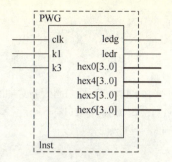

图 6-4-4 PWG 实体图

```vhdl
LIBRARY ieee;
USE ieee.std_logic_1164.all;
USE ieee.std_logic_unsigned.all;
ENTITY PWG is
    PORT (clk:    in std_logic;          --clock   27MHz
          k1:     in std_logic;          --KEY(1)
          k3:     in std_logic;          --KEY(3)
          ledg: out std_logic;           --LEDG
          ledr: out std_logic;           --LEDR
hex0: out std_logic_vector(3 downto 0);
                --HEX0 数码管显示,需要编写七段译码器输出
hex4: out std_logic_vector(3 downto 0);
                --HEX4   其中 "0000"～"1001" 代表0-9
hex5: out std_logic_vector(3 downto 0);
                --HEX5 "1111"代表 "P","1110"代表 'H'
hex6: out std_logic_vector(3 downto 0));
                --HEX6   "1101"代表 'L' "1100"代表全黑
END PWG;
ARCHITECTURE behavior of PWG is
   --CONSTANT ones: integer range 0 to 15 := 1;
                           --仅为仿真时分频用
   CONSTANT ones: integer range 0 to 9000000 := 9000000;   --1/3秒
   TYPE state is (reset,               --reset mode
                  h_program,           --high program mode
                  l_ready,             --low ready mode
                  l_program,           --low program mode
                  ready,               --ready mode
                  g_model);            --generate mode
   SIGNAL pr_state, nx_state: state;
   SIGNAL clk1: std_logic;
BEGIN
-----------------one third second clock----------
p1:   PROCESS (clk)
      VARIABLE count: integer range 0 to 15 :=0; --一秒计数变量
BEGIN
   IF (clk'event AND clk = '1') THEN count := count + 1;
   IF (count = ones) THEN count := 0; clk1 <= not clk1;
      END IF; END IF;
      END PROCESS;
-----------------END one third second clock------
-----------------section--------------经典状态机写法
p2:   PROCESS (k1,k3)
   BEGIN
   IF (k3 = '0') THEN     pr_state <= reset;
   ELSIF (k1'event AND k1='0') THEN    pr_state <= nx_state;
   END IF; END PROCESS;
p3:   PROCESS (clk1,k1,pr_state)
      VARIABLE p:   std_logic;
                                  --ready mode中控制HEX0闪烁显示 'P'
      VARIABLE g:   std_logic;
                                  --generate mode中控制高、电平输出
      VARIABLE f: std_logic;
```

```
                                             --generate mode首次显示标识符
VARIABLE c1,c2,c3: std_logic_vector(1 downto 0) := "00";
--分频器得到3Hz时钟，各数码管显示计数器周期为1秒
--因此要重新分频，此为计数变量
VARIABLE ht4,ht5,lt4,lt5:std_logic_vector(3 downto 0) := "0000";
--program mode下HEX4、HEX5分别在高、低状态下的计数变量
VARIABLE hts4,hts5,lts4,lts5: std_logic_vector(3 downto 0) := "0000";
--program mode下HEX4、HEX5显示变量
VARIABLE hg4,hg5,lg4,lg5:std_logic_vector(3 downto 0) := "0000";
--generate mode下HEX4、HEX5分别在高、低状态下的计数变量
VARIABLE gs4,gs5:   std_logic_vector(3 downto 0) := "0000";
--generate mode下HEX4、HEX5显示变量
BEGIN
hex4<=(hts4 or lts4 or gs4);
hex5<=(hts5 or lts5 or gs5);
IF (pr_state = reset) THEN
ht4  :="0000"; ht5  :="0000"; lt4  :="0000"; lt5  :="0000";
                        --计数清零
hts4 :="0000"; hts5 :="0000"; lts4 :="0000"; lts5 :="0000";
                        --显示清零
 gs4  :="0000"; gs5  :="0000";       --显示清零
 c1   := "00";   c2   := "00";   c3   := "00";
                        --时钟计数清零
    f := '0';              --首次显示清零
    hex6  <= "1110";             --H
    hex0  <= "1111";             --P
    ledg  <= '0'; ledr  <= '0';   --LEDG0和LEDR0灭。
    nx_state <= h_program;
--------------------------------------------------------------------
ELSIF (pr_state = h_program) THEN
    IF (k1 = '0') THEN
      IF (clk1'event AND clk1 = '1') THEN   c1 := c1 + 1;
        IF (c1 = "11") THEN    c1 := "00";    ht4 := ht4 + 1;   hts4 := ht4;
         IF (ht4 = "1010") THEN
          ht4 := "0000";   hts4 := ht4;   ht5 := ht5 + 1; hts5 := ht5;
         END IF; END IF; END IF;
    ELSE nx_state <= l_ready;
    END IF;
--------------------------------------------------------------------
ELSIF (pr_state = l_ready) THEN
    hex4 <= "0000"; hex5 <= "0000";
    hts4 := "0000"; hts5 := "0000";
    hex6 <= "1101";              --L
    nx_state <= l_program;
--------------------------------------------------------------------
ELSIF (pr_state = l_program) THEN
    IF (k1 = '0') THEN
      IF (clk1'event AND clk1 = '1') THEN c2 := c2 + 1;
        IF (c2 = "11") THEN c2 := "00"; lt4 := lt4 + 1;lts4 := lt4;
         IF (lt4 = "1010") THEN
          lt4 := "0000";    lts4 := lt4; lt5 := lt5 + 1;lts5 := lt5;
        END IF; END IF;   END IF;
    ELSE nx_state <= ready;
    END IF;
--------------------------------------------------------------------
ELSIF (pr_state = ready) THEN lg4   := lt4;    lg5   := lt5;
    hex4 <= "0000"; hex5 <= "0000";
    lts4 := "0000"; lts5 := "0000";
    hex6 <= "1100";              --DRAK
    IF (clk1'event AND clk1 = '1') THEN    p := not p;
```

```
        END IF;
        IF (p = '1') THEN   hex0 <= "1100";       --DRAK
        ELSE hex0 <= "1111";                       --P
        END IF; nx_state <= g_model;
--------------------------------------------------------------
    ELSIF (pr_state = g_model) THEN
        hex0 <= "1100";                --DRAK
        hex6 <= "1100";                --DRAK
        IF (clk1'event AND clk1='1') THEN
            IF (f = '0') THEN   hg4  := ht4;    hg5  := ht5;
                gs4 := hg4;     gs5 := hg5; f := '1';
        END IF; c3 := c3 + 1;
        IF (c3 = "11") THEN c3 := "00";
            IF (g = '0') THEN
-----------------高电平输出---------------------
                ledg <= '1';   ledr <= '0';  --LEDG 亮，LEDR灭
                IF (hg5 = "0000") THEN
                    IF (hg4 = "0001") THEN   g   := not g;
                        lg4   := lt4;     lg5   := lt5;
                        gs4 := lg4;     gs5 := lg5;
                        ledg <= '0';   ledr <= '1';
                                               --LEDG灭，LEDR亮
                    ELSE
                        hg4 := hg4 - 1; gs4 := hg4; gs5 := hg5;
                    END IF;
                ELSE
                    IF (hg4 = "0000") THEN
                        hg4 := "1001"; hg5 := hg5 - 1;
                        gs4 := hg4; gs5 := hg5;
                    ELSE hg4 := hg4 - 1;gs4 := hg4; gs5 := hg5;
```

```
        END IF;    END IF;
--------------------------------------------------------------
    ELSE
-----------低电平输出----------------------
        IF (lg5 = "0000") THEN
            IF (lg4 = "0001") THEN g   := not g;
                hg4   := ht4;     hg5   := ht5;
                gs4 := hg4;     gs5 := hg5;
                ledg <= '1';   ledr <= '0';   --LEDG 亮，LEDR灭
            ELSE
                lg4 := lg4 - 1;
                gs4 := lg4; gs5 := lg5;
            END IF;
        ELSE
            IF (lg4 = "0000") THEN
                lg4 := "1001";
                lg5 := lg5 - 1;
                gs4 := lg4; gs5 := lg5;
            ELSE
                lg4 := lg4 - 1;
                gs4 := lg4; gs5 := lg5;
            END IF; END IF;
--------------------------------------------------------------
        END IF;   END IF; END IF; END IF;
    END PROCESS;
END behavior;
```

6.4.4 整体实现

最后画出顶层原理图如图 6-4-5 所示。进行引脚分配，下载即可。

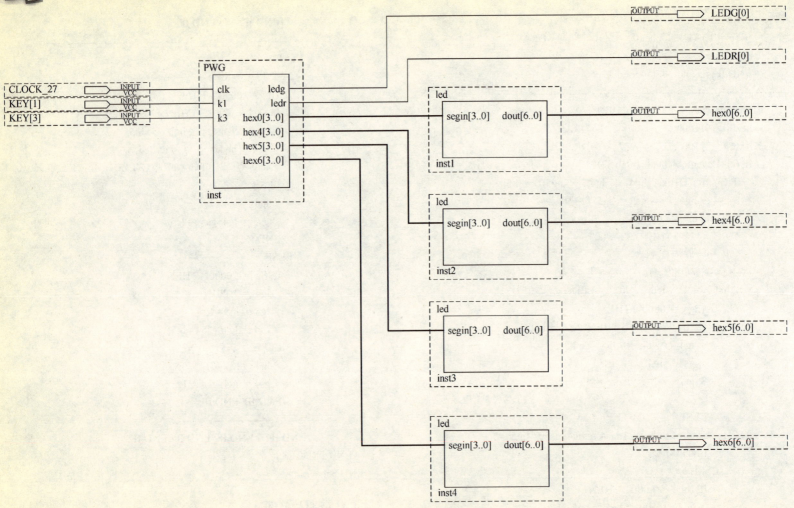

图 6-4-5　PWD 顶层原理图

6.4.5 设计思考及改进

该设计外围接口简单,就是最简单的按键、数码管。充分利用状态机(如按键的长按、短按)实现可编程波形的发生。建议可以把显示部分用液晶 12864 显示出来,是个不错的选择。

附录 A PS2 键盘接口知识

A.1 PS2 接口的普通键盘数据格式

在表 A-1 中，数据传输选用奇校验，如果数据位中 1 的个数为偶数，校验位就为 1；如果数据位中 1 的个数为奇数，校验位就为 0；总之，数据位中 1 的个数加上校验位中 1 的个数总为奇数，所以总进行奇校验。

表 A-1 PS2 接口的普通键盘数据格式

1 个起始位	总是逻辑 0
8 个数据位	（LSB）低位在前
1 个奇偶校验位	奇校验
1 个停止位	总是逻辑 1
1 个应答位	仅用在主机对设备的通信中

PS2 设备的 clock 和 data 都是集电极开路的，平时都是高电平。当 PS2 设备等待发送数据时，它首先检查 clock 是否为高。如果为低，则认为 PC 抑制了通信，此时它缓冲数据直到获得总线的控制权。如果 clock 为高电平，PS2 则开始向 PC 发送数据。一般都是由 PS2 设备产生时钟信号。发送按帧格式。数据位在 clock 为高电平时准备好，在 clock 下降沿被 PC 读入。

数据从键盘/鼠标发送到主机或从主机发送到键盘/鼠标，时钟都是 PS2 设备产生，主机对时钟控制有优先权，即主机想发送控制指令给 PS2 设备时，可以拉低时钟线至少 100μs，然后再下拉数据线，最后释放时钟线为高。PS2 设备的时钟线和数据线都是集电极开路的，容易实现拉低电平。

A.2 数据发送接收时序及引脚图

数据发送接收时序如图 A-1 所示。

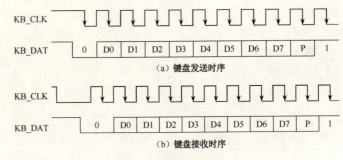

图 A-1 键盘接口时序

引脚图如图 A-2 所示。

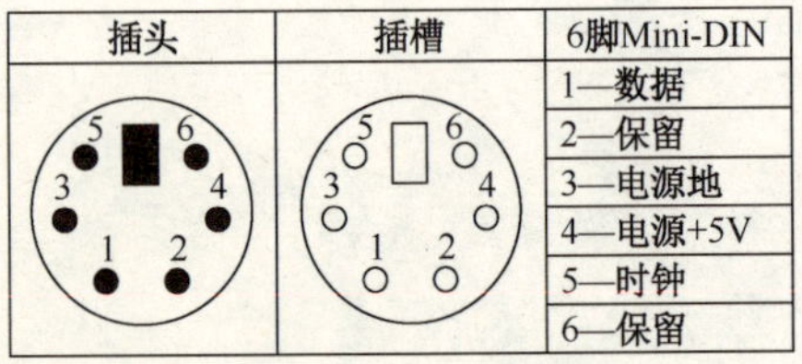

图 A-2 PS2 引脚图

从 PS2 向 PC 发送一个字节可按照下面的步骤进行，这里的主机当然是 CPLD/FPGA：

（1）检测时钟线电平，如果时钟线为低，则延时 50μs。

（2）检测判断时钟信号是否为高，如果为高则向下执行，如果为低则转到（1）。

（3）检测数据线是否为高，如果为高则继续执行，如果为低则放弃发送（此时 PC 在向 PS2 设备发送数据，所以 PS2 设备要转移到接收程序处接收数据）。

（4）延时 20μs（如果此时正在发送起始位，则应延时 40μs）。

（5）输出起始位（0）到数据线上。这里要注意的是：在送出每一位后都要检测时钟线，以确保 PC 没有抑制 PS2 设备，如果有则中止发送。

（6）输出 8 个数据位到数据线上。

（7）输出校验位。

（8）输出停止位（1）。

（9）延时 30μs（如果在发送停止位时释放时钟信号则应延时 50μs）。

A.3 键盘返回值介绍

键盘的处理器如果发现有键被按下或释放将发送扫描码的信息包到计算机（CPLD/FPGA）。扫描码有两种不同的类型：通码和断码。当一个键被按下就发送通码，当一个键被释放就发送断码。每个按键被分配了唯一的通码和断码。这样主机通过查找唯一的扫描码就可以测定是哪个按键。每个键一整套的通断码组成了扫描码集。有三套标准的扫描码集，分别是第一套、第二套和第三套。所有现代的键盘默认使用第二套扫描码。虽然多数第二套通码都只有一个字节宽，但也有少数扩展按键的通码是两字节或四字节宽。这类的通码第一个字节总是为 E0。正如键按下通码就被发往计算机一样，只要键一释放断码就会被发送。每个键都有它自己唯一的通码和断码。幸运的是你不用总是通过查表来找出按键的断码。在通码和断码之间存在着必然的联系。多数第二套断码有两字节长。它们的第一个字节是 F0，第二个字节是这个键的通码。扩展按键的断码通常有三个字节，它们前两个字节是 E0H、F0H，最后一个字节是这个按键通码的最后一个字节。

表 A-2 列出了 101、102 和 104 键的键盘的第二套扫描码：

表 A-2　键盘的第二套扫描码

KEY	通码	断码	KEY	通码	断码	KEY	通码	断码
A	1C	F0 1C	9	46	F0 46	[	54	F0 54
B	32	F0 32	`	0E	F0 0E	INSERT	E0 70	E0 F0 70
C	21	F0 21	-	4E	F0 4E	HOME	E0 6C	E0 F0 6C
D	23	F0 23	=	55	F0 55	PG UP	E0 7D	E0 F0 7D
E	24	F0 24	\	5D	F0 5D	DELETE	E0 71	E0 F0 71
F	2B	F0 2B	BKSP	66	F0 66	END	E0 69	E0 F0 69
G	34	F0 34	SPACE	29	F0 29	PG DN	E0 7A	E0 F0 7A
H	33	F0 33	TAB	0D	F0 0D	U ARROW	E0 75	E0 F0 75
I	43	F0 43	CAPS	58	F0 58	L ARROW	E0 6B	E0 F0 6B
J	3B	F0 3B	L SHFT	12	F0 12	D ARROW	E0 72	E0 F0 72
K	42	F0 42	L CTRL	14	F0 14	R ARROW	E0 74	E0 F0 74
L	4B	F0 4B	L GUI	E0 1F	E0 F0 1F	NUM	77	F0 77
M	3A	F0 3A	L ALT	11	F0 11	KP /	E0 4A	E0 F0 4A
N	31	F0 31	R SHFT	59	F0 59	KP *	7C	F0 7C
O	44	F0 44	R CTRL	E0 14	E0 F0 14	KP -	7B	F0 7B
P	4D	F0 4D	R GUI	E0 27	E0 F0 27	KP +	79	F0 79
Q	15	F0 15	R ALT	E0 11	E0 F0 11	KP EN	E0 5A	E0 F0 5A
R	2D	F0 2D	APPS	E0 2F	E0 F0 2F	KP .	71	F0 71

续表

KEY	通码	断码	KEY	通码	断码	KEY	通码	断码
S	1B	F0 1B	ENTER	5A	F0 5A	KP 0	70	F0 70
T	2C	F0 2C	ESC	76	F0 76	KP 1	69	F0 69
U	3C	F0 3C	F1	05	F0 05	KP 2	72	F0 72
V	2A	F0 2A	F2	06	F0 06	KP 3	7A	F0 7A
W	1D	F0 1D	F3	04	F0 04	KP 4	6B	F0 6B
X	22	F0 22	F4	0C	F0 0C	KP 5	73	F0 73
Y	35	F0 35	F5	03	F0 03	KP 6	74	F0 74
Z	1A	F0 1A	F6	0B	F0 0B	KP 7	6C	F0 6C
0	45	F0 45	F7	83	F0 83	KP 8	75	F0 75
1	16	F0 16	F8	0A	F0 0A	KP 9	7D	F0 7D
2	1E	F0 1E	F9	01	F0 01	]	58	F0 58
3	26	F0 26	F10	09	F0 09	;	4C	F0 4C
4	25	F0 25	F11	78	F0 78	'	52	F0 52
5	2E	F0 2E	F12	07	F0 07	,	41	F0 41
6	36	F0 36	PRNT SCRN	E0 12 E0 7C	E0 F0 7C E0 F0 12		49	F0 49
7	3D	F0 3D	SCROLL	7E	F0,7E	/	4A	F0 4A
8	3E	F0 3E	PAUSE	E1 14 77 E1 F0 14 F0 77	-NONE-			

一个键盘发送值的例子：通码和断码是以什么样的序列发送到你的计算机从而使得字符 G 出现在你的字处理软件里的呢？因为这是一个大写字母，需要发生这样的事件次序：按下 Shift 键→按下 G 键→释放 G 键→释放 Shift 键。与这些时间相关的扫描码如下：Shift 键的通码 12H，G 键的通码 34H，G 键的断码 F0H 34H，Shift 键的断码 F0H 12H。因此发送到你的计算机的数据应该是：

12H 34H F0H 34H F0H 12H

附录 B　GB2312 简体中文编码表

code	+0	+1	+2	+3	+4	+5	+6	+7	+8	+9	+A	+B	+C	+D	+E	+F
A1A0		、	。	·	ˉ	ˇ	¨	〃	々	—	～	‖	…	'	'	
A1B0	"	"	（	）	〈	〉	《	》	「	」	『	』	〖	〗	【	】
A1C0	±	×	÷	∶	∧	∨	∑	∏	∪	∩	∈	∷	√	⊥	∥	∠
A1D0	⌒	⊙	∫	∮	≡	≌	≈	∽	∝	≠	≮	≯	≤	≥	∞	∴
A1E0	∵	♂	♀	°	′	″	℃	$	¤	¢	£	‰	§	№	☆	★
A1F0	○	●	◎	◇	◆	□	■	△	▲	※	→	←	↑	↓	〓	

code	+0	+1	+2	+3	+4	+5	+6	+7	+8	+9	+A	+B	+C	+D	+E	+F
A2A0		ⅰ	ⅱ	ⅲ	ⅳ	ⅴ	ⅵ	ⅶ	ⅷ	ⅸ	ⅹ					
A2B0		1.	2.	3.	4.	5.	6.	7.	8.	9.	10.	11.	12.	13.	14.	15.
A2C0	16.	17.	18.	19.	20.	(1)	(2)	(3)	(4)	(5)	(6)	(7)	(8)	(9)	(10)	(11)
A2D0	(12)	(13)	(14)	(15)	(16)	(17)	(18)	(19)	(20)	①	②	③	④	⑤	⑥	⑦
A2E0	⑧	⑨	⑩			㈠	㈡	㈢	㈣	㈤	㈥	㈦	㈧	㈨	㈩	
A2F0		Ⅰ	Ⅱ	Ⅲ	Ⅳ	Ⅴ	Ⅵ	Ⅶ	Ⅷ	Ⅸ	Ⅹ	Ⅺ	Ⅻ			

code	+0	+1	+2	+3	+4	+5	+6	+7	+8	+9	+A	+B	+C	+D	+E	+F
A3A0		！	＂	＃	￥	％	＆	＇	（	）	＊	＋	，	－	．	／
A3B0	０	１	２	３	４	５	６	７	８	９	：	；	＜	＝	＞	？
A3C0	＠	Ａ	Ｂ	Ｃ	Ｄ	Ｅ	Ｆ	Ｇ	Ｈ	Ｉ	Ｊ	Ｋ	Ｌ	Ｍ	Ｎ	Ｏ
A3D0	Ｐ	Ｑ	Ｒ	Ｓ	Ｔ	Ｕ	Ｖ	Ｗ	Ｘ	Ｙ	Ｚ	［	＼	］	＾	＿
A3E0	｀	ａ	ｂ	ｃ	ｄ	ｅ	ｆ	ｇ	ｈ	ｉ	ｊ	ｋ	ｌ	ｍ	ｎ	ｏ
A3F0	ｐ	ｑ	ｒ	ｓ	ｔ	ｕ	ｖ	ｗ	ｘ	ｙ	ｚ	｛	｜	｝	￣	

code	+0	+1	+2	+3	+4	+5	+6	+7	+8	+9	+A	+B	+C	+D	+E	+F
A4A0		ぁ	あ	ぃ	い	ぅ	う	ぇ	え	ぉ	お	か	が	き	ぎ	く
A4B0	ぐ	け	げ	こ	ご	さ	ざ	し	じ	す	ず	せ	ぜ	そ	ぞ	た
A4C0	だ	ち	ぢ	っ	つ	づ	て	で	と	ど	な	に	ぬ	ね	の	は
A4D0	ば	ぱ	ひ	び	ぴ	ふ	ぶ	ぷ	へ	べ	ぺ	ほ	ぼ	ぽ	ま	み
A4E0	む	め	も	ゃ	や	ゅ	ゆ	ょ	よ	ら	り	る	れ	ろ	わ	ゐ
A4F0	ゑ	を	ん													

code	+0	+1	+2	+3	+4	+5	+6	+7	+8	+9	+A	+B	+C	+D	+E	+F
A5A0		ァ	ア	ィ	イ	ゥ	ウ	ェ	エ	ォ	オ	カ	ガ	キ	ギ	ク
A5B0	グ	ケ	ゲ	コ	ゴ	サ	ザ	シ	ジ	ス	ズ	セ	ゼ	ソ	ゾ	タ
A5C0	ダ	チ	ヂ	ッ	ツ	ヅ	テ	デ	ト	ド	ナ	ニ	ヌ	ネ	ノ	ハ
A5D0	バ	パ	ヒ	ビ	ピ	フ	ブ	プ	ヘ	ベ	ペ	ホ	ボ	ポ	マ	ミ
A5E0	ム	メ	モ	ャ	ヤ	ュ	ユ	ョ	ヨ	ラ	リ	ル	レ	ロ	ワ	ヮ
A5F0	ヰ	ヱ	ヲ	ン	ヴ	ヵ	ヶ									

code	+0	+1	+2	+3	+4	+5	+6	+7	+8	+9	+A	+B	+C	+D	+E	+F
A6A0		Α	Β	Γ	Δ	Ε	Ζ	Η	Θ	Ι	Κ	Λ	Μ	Ν	Ξ	Ο
A6B0	Π	Ρ	Σ	Τ	Υ	Φ	Χ	Ψ	Ω							
A6C0		α	β	γ	δ	ε	ζ	η	θ	ι	κ	λ	μ	ν	ξ	ο
A6D0	π	ρ	σ	τ	υ	φ	χ	ψ	ω							
A6E0	︵	︶	︹	︺	︿	﹀	︽	︾	﹁	﹂	﹃	﹄			︻	︼
A6F0	︷	︸		︱		︳	︴									

code	+0	+1	+2	+3	+4	+5	+6	+7	+8	+9	+A	+B	+C	+D	+E	+F
A7A0		А	Б	В	Г	Д	Е	Ё	Ж	З	И	Й	К	Л	М	Н
A7B0	О	П	Р	С	Т	У	Ф	Х	Ц	Ч	Ш	Щ	Ъ	Ы	Ь	Э
A7C0	Ю	Я														
A7D0		а	б	в	г	д	е	ё	ж	з	и	й	к	л	м	н
A7E0	о	п	р	с	т	у	ф	х	ц	ч	ш	щ	ъ	ы	ь	э
A7F0	ю	я														

code	+0	+1	+2	+3	+4	+5	+6	+7	+8	+9	+A	+B	+C	+D	+E	+F
B0A0		啊	阿	埃	挨	哎	唉	哀	皑	癌	蔼	矮	艾	碍	爱	隘
B0B0	鞍	氨	安	俺	按	暗	岸	胺	案	肮	昂	盎	凹	敖	熬	翱
B0C0	袄	傲	奥	懊	澳	芭	捌	扒	叭	吧	笆	八	疤	巴	拔	跋
B0D0	靶	把	耙	坝	霸	罢	爸	白	柏	百	摆	佰	败	拜	稗	斑
B0E0	班	搬	扳	般	颁	板	版	扮	拌	伴	瓣	半	办	绊	邦	帮
B0F0	梆	榜	膀	绑	棒	磅	蚌	镑	傍	谤	苞	胞	包	褒	剥	

code	+0	+1	+2	+3	+4	+5	+6	+7	+8	+9	+A	+B	+C	+D	+E	+F
A8A0		ā	á	ǎ	à	ē	é	ě	è	ī	í	ǐ	ì	ō	ó	ǒ
A8B0	ò	ū	ú	ǔ	ù	ǖ	ǘ	ǚ	ǜ	ê	ɑ	ń	ň			
A8C0	g				ㄅ	ㄆ	ㄇ	ㄈ	ㄉ	ㄊ	ㄋ	ㄌ	ㄍ	ㄎ	ㄏ	
A8D0	ㄐ	ㄑ	ㄒ	ㄓ	ㄔ	ㄕ	ㄖ	ㄗ	ㄘ	ㄙ	ㄚ	ㄛ	ㄜ	ㄝ	ㄞ	ㄟ
A8E0	ㄠ	ㄡ	ㄢ	ㄣ	ㄤ	ㄥ	ㄦ	ㄧ	ㄨ	ㄩ						
A8F0																

code	+0	+1	+2	+3	+4	+5	+6	+7	+8	+9	+A	+B	+C	+D	+E	+F
B1A0		薄	雹	保	堡	饱	宝	抱	报	暴	豹	鲍	爆	杯	碑	悲
B1B0	卑	北	辈	背	贝	钡	倍	狈	备	惫	焙	被	奔	苯	本	笨
B1C0	崩	绷	甭	泵	蹦	迸	逼	鼻	比	鄙	笔	彼	碧	蓖	蔽	毕
B1D0	毙	毖	币	庇	痹	闭	敝	弊	必	辟	壁	臂	避	陛	鞭	边
B1E0	编	贬	扁	便	变	卞	辨	辩	辫	遍	标	彪	膘	表	鳖	憋
B1F0	别	瘪	彬	斌	濒	滨	宾	摈	兵	冰	柄	丙	秉	饼	炳	

code	+0	+1	+2	+3	+4	+5	+6	+7	+8	+9	+A	+B	+C	+D	+E	+F
A9A0					─	━	│	┃			┄	┅			┈	┉
A9B0	┌	┍	┎	┏	┐	┑	┒	┓	└	┕	┖	┗	┘	┙	┚	┛
A9C0	├	┝	┞	┟	┠	┡	┢	┣	┤	┥	┦	┧	┨	┩	┪	┫
A9D0	┬	┭	┮	┯	┰	┱	┲	┳	┴	┵	┶	┷	┸	┹	┺	┻
A9E0	┼	┽	┾	┿	╀	╁	╂	╃	╄	╅	╆	╇	╈	╉	╊	╋
A9F0		ㄅ	ㄌ	ㄣ												

code	+0	+1	+2	+3	+4	+5	+6	+7	+8	+9	+A	+B	+C	+D	+E	+F
B2A0		病	并	玻	菠	播	拨	钵	波	博	勃	搏	铂	箔	伯	帛
B2B0	舶	脖	膊	渤	泊	驳	捕	卜	哺	补	埠	不	布	步	簿	部
B2C0	怖	擦	猜	裁	材	才	财	睬	踩	采	彩	菜	蔡	餐	参	蚕
B2D0	残	惭	惨	灿	苍	舱	仓	沧	藏	操	糙	槽	曹	草	厕	策
B2E0	侧	册	测	层	蹭	插	叉	茬	茶	查	碴	搽	察	岔	差	诧
B2F0	拆	柴	豺	搀	掺	蝉	馋	谗	缠	铲	产	阐	颤	昌	猖	

code AAA0~AAAF 为空

附录 B　GB2312 简体中文编码表

code	+0	+1	+2	+3	+4	+5	+6	+7	+8	+9	+A	+B	+C	+D	+E	+F
B3A0		场	尝	常	长	偿	肠	厂	敞	畅	唱	倡	超	抄	钞	朝
B3B0	嘲	潮	巢	吵	炒	车	扯	撤	掣	彻	澈	郴	臣	辰	尘	晨
B3C0	忱	沉	陈	趁	衬	撑	称	城	橙	成	呈	乘	程	惩	澄	诚
B3D0	承	逞	骋	秤	吃	痴	持	匙	池	迟	弛	驰	耻	齿	侈	尺
B3E0	赤	翅	斥	炽	充	冲	虫	崇	宠	抽	酬	畴	踌	稠	愁	筹
B3F0	仇	绸	瞅	丑	臭	初	出	橱	厨	蹰	锄	雏	滁	除	楚	

code	+0	+1	+2	+3	+4	+5	+6	+7	+8	+9	+A	+B	+C	+D	+E	+F
B6A0		丁	叮	叮	钉	顶	鼎	锭	定	订	丢	东	冬	董	懂	动
B6B0	栋	侗	恫	冻	洞	兜	抖	斗	陡	豆	逗	痘	都	督	毒	犊
B6C0	独	读	堵	睹	赌	杜	镀	肚	度	渡	妒	端	短	锻	段	断
B6D0	缎	堆	兑	队	对	墩	吨	蹲	敦	顿	囤	钝	盾	遁	掇	哆
B6E0	多	夺	垛	躲	朵	跺	舵	剁	惰	堕	蛾	峨	鹅	俄	额	讹
B6F0	娥	恶	厄	扼	遏	鄂	饿	恩	而	儿	耳	尔	饵	洱	二	

code	+0	+1	+2	+3	+4	+5	+6	+7	+8	+9	+A	+B	+C	+D	+E	+F
B4A0		础	储	矗	搐	触	处	揣	川	穿	椽	传	船	喘	串	疮
B4B0	窗	幢	床	闯	创	吹	炊	捶	锤	垂	春	椿	醇	唇	淳	纯
B4C0	蠢	戳	绰	疵	茨	磁	雌	辞	慈	瓷	词	此	刺	赐	次	聪
B4D0	葱	囱	匆	从	丛	凑	粗	醋	簇	促	蹿	篡	窜	摧	崔	催
B4E0	脆	瘁	粹	淬	翠	村	存	寸	磋	撮	搓	措	挫	错	搭	达
B4F0	答	瘩	打	大	呆	歹	傣	戴	带	殆	代	贷	袋	待	逮	

code	+0	+1	+2	+3	+4	+5	+6	+7	+8	+9	+A	+B	+C	+D	+E	+F
B7A0		贰	发	罚	筏	伐	乏	阀	法	珐	藩	帆	番	翻	樊	矾
B7B0	钒	繁	凡	烦	反	返	范	贩	犯	饭	泛	坊	芳	方	肪	房
B7C0	防	妨	仿	访	纺	放	菲	非	啡	飞	肥	匪	诽	吠	肺	废
B7D0	沸	费	芬	酚	吩	氛	分	纷	坟	焚	汾	粉	奋	份	忿	愤
B7E0	粪	丰	封	枫	蜂	峰	锋	风	疯	烽	逢	冯	缝	讽	奉	凤
B7F0	佛	否	夫	敷	肤	孵	扶	拂	辐	幅	氟	符	伏	俘	服	

code	+0	+1	+2	+3	+4	+5	+6	+7	+8	+9	+A	+B	+C	+D	+E	+F
B5A0		怠	耽	担	丹	单	郸	掸	胆	旦	氮	但	惮	淡	诞	弹
B5B0	蛋	当	挡	党	荡	档	刀	捣	蹈	倒	岛	祷	导	到	稻	悼
B5C0	道	盗	德	得	的	蹬	灯	登	等	瞪	凳	邓	堤	低	滴	迪
B5D0	敌	笛	狄	涤	翟	嫡	抵	底	地	蒂	第	帝	弟	递	缔	颠
B5E0	掂	滇	碘	点	典	靛	垫	电	佃	甸	店	惦	奠	淀	殿	碉
B5F0	叼	雕	凋	刁	掉	吊	钓	调	跌	爹	碟	蝶	迭	谍	叠	

code	+0	+1	+2	+3	+4	+5	+6	+7	+8	+9	+A	+B	+C	+D	+E	+F
B8A0		浮	涪	福	袱	弗	甫	抚	辅	俯	釜	斧	脯	腑	府	腐
B8B0	赴	副	覆	赋	复	傅	付	阜	父	腹	负	富	讣	附	妇	缚
B8C0	咐	噶	嘎	该	改	概	钙	盖	溉	干	甘	杆	柑	竿	肝	赶
B8D0	感	秆	敢	赣	冈	刚	钢	缸	肛	纲	岗	港	杠	篙	皋	高
B8E0	膏	羔	糕	搞	镐	稿	告	哥	歌	搁	戈	鸽	胳	疙	割	革
B8F0	葛	格	蛤	阁	隔	铬	个	各	给	根	跟	耕	更	庚	羹	

code	+0	+1	+2	+3	+4	+5	+6	+7	+8	+9	+A	+B	+C	+D	+E	+F
B9A0		埂	耿	梗	工	攻	功	恭	龚	供	躬	公	宫	弓	巩	汞
B9B0	拱	贡	共	钩	勾	沟	苟	狗	垢	构	购	够	辜	菇	咕	箍
B9C0	估	沽	孤	姑	鼓	古	蛊	骨	谷	股	故	顾	固	雇	刮	瓜
B9D0	剐	寡	挂	褂	乖	拐	怪	棺	关	官	冠	观	管	馆	罐	惯
B9E0	灌	贯	光	广	逛	瑰	规	圭	硅	归	龟	闺	轨	鬼	诡	癸
B9F0	桂	柜	跪	贵	刽	辊	滚	棍	锅	郭	国	果	裹	过	哈	

code	+0	+1	+2	+3	+4	+5	+6	+7	+8	+9	+A	+B	+C	+D	+E	+F
BCA0		肌	饥	迹	激	讥	鸡	姬	绩	缉	吉	极	棘	辑	籍	集
BCB0	及	急	疾	汲	即	嫉	级	挤	几	脊	己	蓟	技	冀	季	伎
BCC0	祭	剂	悸	济	寄	寂	计	记	既	忌	际	妓	继	纪	嘉	枷
BCD0	夹	佳	家	加	荚	颊	贾	甲	钾	假	稼	价	架	驾	嫁	歼
BCE0	监	坚	尖	笺	间	煎	兼	肩	艰	奸	缄	茧	检	柬	碱	硷
BCF0	拣	捡	简	俭	剪	减	荐	槛	鉴	践	贱	见	键	箭	件	

code	+0	+1	+2	+3	+4	+5	+6	+7	+8	+9	+A	+B	+C	+D	+E	+F
BAA0		骸	孩	海	氦	亥	害	骇	酣	憨	邯	韩	含	涵	寒	函
BAB0	喊	罕	翰	撼	捍	旱	憾	悍	焊	汗	汉	夯	杭	航	壕	嚎
BAC0	豪	毫	郝	好	耗	号	浩	呵	喝	荷	菏	核	禾	和	何	合
BAD0	盒	貉	阁	河	涸	赫	褐	鹤	贺	嘿	黑	痕	很	狠	恨	哼
BAE0	亨	横	衡	恒	轰	哄	烘	虹	鸿	洪	宏	弘	红	喉	侯	猴
BAF0	吼	厚	候	后	呼	乎	忽	瑚	壶	葫	胡	蝴	狐	糊	湖	

code	+0	+1	+2	+3	+4	+5	+6	+7	+8	+9	+A	+B	+C	+D	+E	+F
BDA0		健	舰	剑	饯	渐	溅	涧	建	僵	姜	将	浆	江	疆	蒋
BDB0	桨	奖	讲	匠	酱	降	蕉	椒	礁	焦	胶	交	郊	浇	骄	娇
BDC0	嚼	搅	铰	矫	侥	脚	狡	角	饺	缴	绞	剿	教	酵	轿	较
BDD0	叫	窖	揭	接	皆	秸	街	阶	截	劫	节	桔	杰	捷	睫	竭
BDE0	洁	结	解	姐	戒	藉	芥	界	借	介	疥	诫	届	巾	筋	斤
BDF0	金	今	津	襟	紧	锦	仅	谨	进	靳	晋	禁	近	烬	浸	

code	+0	+1	+2	+3	+4	+5	+6	+7	+8	+9	+A	+B	+C	+D	+E	+F
BBA0		弧	虎	唬	护	互	沪	户	花	哗	华	猾	滑	画	划	化
BBB0	话	槐	徊	怀	淮	坏	欢	环	桓	还	缓	换	患	唤	痪	豢
BBC0	焕	涣	宦	幻	荒	慌	黄	磺	蝗	簧	皇	凰	惶	煌	晃	幌
BBD0	恍	谎	灰	挥	辉	徽	恢	蛔	回	毁	悔	慧	卉	惠	晦	贿
BBE0	秽	会	烩	汇	讳	诲	绘	荤	昏	婚	魂	浑	豁	活	伙	
BBF0	火	获	或	惑	霍	货	祸	击	圾	基	机	畸	稽	积	箕	

code	+0	+1	+2	+3	+4	+5	+6	+7	+8	+9	+A	+B	+C	+D	+E	+F
BEA0		尽	劲	荆	兢	茎	睛	晶	鲸	京	惊	精	粳	经	井	警
BEB0	景	颈	静	境	敬	镜	径	痉	靖	竟	竞	净	炯	窘	揪	究
BEC0	纠	玖	韭	久	灸	九	酒	厩	救	旧	臼	舅	咎	就	疚	鞠
BED0	拘	狙	疽	居	驹	菊	局	咀	矩	举	沮	聚	拒	据	巨	具
BEE0	距	踞	锯	俱	句	惧	炬	剧	捐	鹃	娟	倦	眷	卷	绢	撅
BEF0	攫	抉	掘	倔	爵	觉	决	诀	绝	均	菌	钧	军	君	峻	

附录B GB2312简体中文编码表

code	+0	+1	+2	+3	+4	+5	+6	+7	+8	+9	+A	+B	+C	+D	+E	+F
BFA0		俊	竣	浚	郡	骏	喀	咖	卡	咯	开	揩	楷	凯	慨	刊
BFB0	堪	勘	坎	砍	看	康	慷	糠	扛	抗	亢	炕	考	拷	烤	靠
BFC0	坷	苛	柯	棵	磕	颗	科	壳	咳	可	渴	克	刻	客	课	肯
BFD0	啃	垦	恳	坑	吭	空	恐	孔	控	抠	口	扣	寇	枯	哭	窟
BFE0	苦	酷	库	裤	夸	垮	挎	跨	胯	块	筷	侩	快	宽	款	匡
BFF0	筐	狂	框	矿	眶	旷	况	亏	盔	岿	窥	葵	奎	魁	傀	

code	+0	+1	+2	+3	+4	+5	+6	+7	+8	+9	+A	+B	+C	+D	+E	+F
C0A0		馈	愧	溃	坤	昆	捆	困	括	扩	廓	阔	垃	拉	喇	蜡
C0B0	腊	辣	啦	莱	来	赖	蓝	婪	栏	拦	篮	阑	兰	澜	谰	揽
C0C0	览	懒	缆	烂	滥	琅	榔	狼	廊	郎	朗	浪	捞	劳	牢	老
C0D0	佬	姥	酪	烙	涝	勒	乐	雷	镭	蕾	磊	累	儡	垒	擂	肋
C0E0	类	泪	棱	楞	冷	厘	梨	犁	黎	篱	狸	离	漓	理	李	里
C0F0	鲤	礼	莉	荔	吏	栗	丽	厉	励	砾	历	利	傈	例	俐	

code	+0	+1	+2	+3	+4	+5	+6	+7	+8	+9	+A	+B	+C	+D	+E	+F
C1A0		痢	立	粒	沥	隶	力	璃	哩	俩	联	莲	连	镰	廉	怜
C1B0	涟	帘	敛	脸	链	恋	炼	练	粮	凉	梁	粱	良	两	辆	量
C1C0	晾	亮	谅	撩	聊	僚	疗	燎	寥	辽	潦	了	撂	镣	廖	料
C1D0	列	裂	烈	劣	猎	琳	林	磷	霖	临	邻	鳞	淋	凛	赁	吝
C1E0	拎	玲	菱	零	龄	铃	伶	羚	凌	灵	陵	岭	领	另	令	溜
C1F0	琉	榴	硫	馏	留	刘	瘤	流	柳	六	龙	聋	咙	笼	窿	

code	+0	+1	+2	+3	+4	+5	+6	+7	+8	+9	+A	+B	+C	+D	+E	+F
C2A0		隆	垄	拢	陇	楼	娄	搂	篓	漏	陋	芦	卢	颅	庐	炉
C2B0	掳	卤	虏	鲁	麓	碌	露	路	赂	鹿	潞	禄	录	陆	戮	驴
C2C0	吕	铝	侣	旅	履	屡	缕	虑	氯	律	率	滤	绿	峦	挛	孪
C2D0	滦	卵	乱	掠	略	抡	轮	伦	仑	沦	纶	论	萝	螺	罗	逻
C2E0	锣	箩	骡	裸	落	洛	骆	络	妈	麻	玛	码	蚂	马	骂	嘛
C2F0	吗	埋	买	麦	卖	迈	脉	瞒	馒	蛮	满	蔓	曼	慢	漫	

code	+0	+1	+2	+3	+4	+5	+6	+7	+8	+9	+A	+B	+C	+D	+E	+F
C3A0		谩	芒	茫	盲	氓	忙	莽	猫	茅	锚	毛	矛	铆	卯	茂
C3B0	冒	帽	貌	贸	么	玫	枚	梅	酶	霉	煤	没	眉	媒	镁	每
C3C0	美	昧	寐	妹	媚	门	闷	们	萌	蒙	檬	盟	锰	猛	梦	孟
C3D0	眯	醚	靡	糜	迷	谜	弥	米	秘	觅	泌	蜜	密	幂	棉	眠
C3E0	绵	冕	免	勉	娩	缅	面	苗	描	瞄	藐	秒	渺	庙	妙	蔑
C3F0	灭	民	抿	皿	敏	悯	闽	明	螟	鸣	铭	名	命	谬	摸	

code	+0	+1	+2	+3	+4	+5	+6	+7	+8	+9	+A	+B	+C	+D	+E	+F
C4A0		摹	蘑	模	膜	磨	摩	魔	抹	末	莫	墨	默	沫	漠	寞
C4B0	陌	谋	牟	某	拇	牡	亩	姆	母	墓	暮	幕	募	慕	木	目
C4C0	睦	牧	穆	拿	哪	呐	钠	那	娜	纳	氖	乃	奶	耐	奈	南
C4D0	男	难	囊	挠	脑	恼	闹	淖	呢	馁	内	嫩	能	妮	霓	倪
C4E0	泥	尼	拟	你	匿	腻	逆	溺	蔫	拈	年	碾	撵	捻	念	娘
C4F0	酿	鸟	尿	捏	聂	孽	啮	镊	镍	涅	您	柠	狞	凝	宁	

code	+0	+1	+2	+3	+4	+5	+6	+7	+8	+9	+A	+B	+C	+D	+E	+F
C5A0		拧	泞	牛	扭	钮	纽	脓	浓	农	弄	奴	努	怒	女	暖
C5B0	虐	疟	挪	懦	糯	诺	哦	欧	鸥	殴	藕	呕	偶	沤	啪	趴
C5C0	爬	帕	怕	琶	拍	排	牌	徘	湃	派	攀	潘	盘	磐	盼	畔
C5D0	判	叛	乓	庞	旁	耪	胖	抛	咆	刨	炮	袍	跑	泡	呸	胚
C5E0	培	裴	赔	陪	配	佩	沛	喷	盆	砰	抨	烹	澎	彭	蓬	棚
C5F0	硼	篷	膨	朋	鹏	捧	碰	坯	砒	霹	批	披	劈	琵	毗	

code	+0	+1	+2	+3	+4	+5	+6	+7	+8	+9	+A	+B	+C	+D	+E	+F
C6A0		啤	脾	疲	皮	匹	痞	僻	屁	譬	篇	偏	片	骗	飘	漂
C6B0	瓢	票	撇	瞥	拼	频	贫	品	聘	乒	坪	苹	萍	平	凭	瓶
C6C0	评	屏	坡	泼	颇	婆	破	魄	迫	粕	剖	扑	铺	仆	莆	葡
C6D0	菩	蒲	埔	朴	圃	普	浦	谱	曝	瀑	期	欺	栖	戚	妻	七
C6E0	凄	漆	柒	沏	其	棋	奇	歧	畦	崎	脐	齐	旗	祈	祁	骑
C6F0	起	岂	乞	企	启	契	砌	器	气	迄	弃	汽	泣	讫	掐	

code	+0	+1	+2	+3	+4	+5	+6	+7	+8	+9	+A	+B	+C	+D	+E	+F
C7A0		恰	洽	牵	扦	钎	铅	千	迁	签	仟	谦	乾	黔	钱	钳
C7B0	前	潜	遣	浅	谴	堑	嵌	欠	歉	枪	呛	腔	羌	墙	蔷	强
C7C0	抢	橇	锹	敲	悄	桥	瞧	乔	侨	巧	鞘	撬	翘	峭	俏	窍
C7D0	切	茄	且	怯	窃	钦	侵	亲	秦	琴	勤	芹	擒	禽	寝	沁
C7E0	青	轻	氢	倾	卿	清	擎	晴	氰	情	顷	请	庆	琼	穷	秋
C7F0	丘	邱	球	求	囚	酋	泅	趋	区	蛆	曲	躯	屈	驱	渠	

code	+0	+1	+2	+3	+4	+5	+6	+7	+8	+9	+A	+B	+C	+D	+E	+F
C8A0		取	娶	龋	趣	去	圈	颧	权	醛	泉	全	痊	拳	犬	券
C8B0	劝	缺	炔	瘸	却	鹊	榷	确	雀	裙	群	然	燃	冉	染	瓤
C8C0	壤	攘	嚷	让	饶	扰	绕	惹	热	壬	仁	人	忍	韧	任	认
C8D0	刃	妊	纫	扔	仍	日	戎	茸	蓉	荣	融	熔	溶	容	绒	冗
C8E0	揉	柔	肉	茹	蠕	儒	孺	如	辱	乳	汝	入	褥	软	阮	蕊
C8F0	瑞	锐	闰	润	若	弱	撒	洒	萨	腮	鳃	塞	赛	三	叁	

code	+0	+1	+2	+3	+4	+5	+6	+7	+8	+9	+A	+B	+C	+D	+E	+F
C9A0		伞	散	桑	嗓	丧	搔	骚	扫	嫂	瑟	色	涩	森	僧	莎
C9B0	砂	杀	刹	沙	纱	傻	啥	煞	筛	晒	珊	苫	杉	山	删	煽
C9C0	衫	闪	陕	擅	赡	膳	善	汕	扇	缮	墒	伤	商	赏	响	上
C9D0	尚	裳	梢	捎	稍	烧	芍	勺	韶	少	哨	邵	绍	奢	赊	蛇
C9E0	舌	舍	赦	摄	射	慑	涉	社	设	砷	申	呻	伸	身	深	娠
C9F0	绅	神	沈	审	婶	甚	肾	慎	渗	声	生	甥	牲	升	绳	

code	+0	+1	+2	+3	+4	+5	+6	+7	+8	+9	+A	+B	+C	+D	+E	+F
CAA0		省	盛	剩	胜	圣	师	失	狮	施	湿	诗	尸	虱	十	石
CAB0	拾	时	什	食	蚀	实	识	史	矢	使	屎	驶	始	式	示	士
CAC0	世	柿	事	拭	誓	逝	势	是	嗜	噬	适	仕	侍	释	饰	氏
CAD0	市	恃	室	视	试	收	手	首	守	寿	授	售	受	瘦	兽	蔬
CAE0	枢	梳	殊	抒	输	叔	舒	淑	疏	书	赎	孰	熟	薯	暑	曙
CAF0	署	蜀	黍	鼠	属	术	述	树	束	戍	竖	墅	庶	数	漱	

code	+0	+1	+2	+3	+4	+5	+6	+7	+8	+9	+A	+B	+C	+D	+E	+F
CBA0		恕	刷	耍	摔	衰	甩	帅	栓	拴	霜	双	爽	谁	水	睡
CBB0	税	吮	瞬	顺	舜	说	硕	朔	烁	斯	撕	嘶	思	私	司	丝
CBC0	死	肆	寺	嗣	四	伺	似	饲	巳	松	耸	怂	颂	送	宋	讼
CBD0	诵	搜	艘	擞	嗽	苏	酥	俗	素	速	粟	僳	塑	溯	宿	诉
CBE0	肃	酸	蒜	算	虽	隋	随	绥	髓	碎	岁	穗	遂	隧	祟	孙
CBF0	损	笋	蓑	梭	唆	缩	琐	索	锁	所	塌	他	它	她	塔	

code	+0	+1	+2	+3	+4	+5	+6	+7	+8	+9	+A	+B	+C	+D	+E	+F
CCA0		獭	挞	蹋	踏	胎	苔	抬	台	泰	酞	太	态	汰	坍	摊
CCB0	贪	瘫	滩	坛	檀	痰	潭	谭	谈	坦	毯	袒	碳	探	叹	炭
CCC0	汤	塘	搪	堂	棠	膛	唐	糖	倘	躺	淌	趟	烫	掏	涛	滔
CCD0	绦	萄	桃	逃	淘	陶	讨	套	特	藤	腾	疼	誊	梯	剔	踢
CCE0	锑	提	题	蹄	啼	体	替	嚏	惕	涕	剃	屉	天	添	填	田
CCF0	甜	恬	舔	腆	挑	条	迢	眺	跳	贴	铁	帖	厅	听	烃	

code	+0	+1	+2	+3	+4	+5	+6	+7	+8	+9	+A	+B	+C	+D	+E	+F
CDA0		汀	廷	停	亭	庭	挺	艇	通	桐	酮	瞳	同	铜	彤	童
CDB0	桶	捅	筒	统	痛	偷	投	头	透	凸	秃	突	图	徒	途	涂
CDC0	屠	土	吐	兔	湍	团	推	颓	腿	蜕	褪	退	吞	屯	臀	拖
CDD0	托	脱	鸵	陀	驮	驼	椭	妥	拓	唾	挖	哇	蛙	洼	娃	瓦
CDE0	袜	歪	外	豌	弯	湾	玩	顽	丸	烷	完	碗	挽	晚	皖	惋
CDF0	宛	婉	万	腕	汪	王	亡	枉	网	往	旺	望	忘	妄	威	

code	+0	+1	+2	+3	+4	+5	+6	+7	+8	+9	+A	+B	+C	+D	+E	+F
CEA0		巍	微	危	韦	违	桅	围	唯	惟	为	潍	维	苇	萎	委
CEB0	伟	伪	尾	纬	未	蔚	味	畏	胃	喂	魏	位	渭	谓	尉	慰
CEC0	卫	瘟	温	蚊	文	闻	纹	吻	稳	紊	问	嗡	翁	瓮	挝	蜗
CED0	涡	窝	我	斡	卧	握	沃	巫	呜	钨	乌	污	诬	屋	无	芜
CEE0	梧	吾	吴	毋	武	五	捂	午	舞	伍	侮	坞	戊	雾	晤	物
CEF0	勿	务	悟	误	昔	熙	析	西	硒	矽	晰	嘻	吸	锡	牺	

code	+0	+1	+2	+3	+4	+5	+6	+7	+8	+9	+A	+B	+C	+D	+E	+F
CFA0		稀	息	希	悉	膝	夕	惜	熄	烯	溪	汐	犀	檄	袭	席
CFB0	习	媳	喜	铣	洗	系	隙	戏	细	瞎	虾	匣	霞	辖	暇	峡
CFC0	侠	狭	下	厦	夏	吓	掀	锨	先	仙	鲜	纤	咸	贤	衔	舷
CFD0	闲	涎	弦	嫌	显	险	现	献	县	腺	馅	羡	宪	陷	限	线
CFE0	相	厢	镶	香	箱	襄	湘	乡	翔	祥	详	想	响	享	项	巷
CFF0	橡	像	向	象	萧	硝	霄	削	哮	嚣	销	消	宵	淆	晓	

code	+0	+1	+2	+3	+4	+5	+6	+7	+8	+9	+A	+B	+C	+D	+E	+F
D0A0		小	孝	校	肖	啸	笑	效	楔	些	歇	蝎	鞋	协	挟	携
D0B0	邪	斜	胁	谐	写	械	卸	蟹	懈	泄	泻	谢	屑	薪	芯	锌
D0C0	欣	辛	新	忻	心	信	衅	星	腥	猩	惺	兴	刑	型	形	邢
D0D0	行	醒	幸	杏	性	姓	兄	凶	胸	匈	汹	雄	熊	休	修	羞
D0E0	朽	嗅	锈	秀	袖	绣	墟	戌	需	虚	嘘	须	徐	许	蓄	酗
D0F0	叙	旭	序	畜	恤	絮	婿	绪	续	轩	喧	宣	悬	旋	玄	

code	+0	+1	+2	+3	+4	+5	+6	+7	+8	+9	+A	+B	+C	+D	+E	+F
D1A0		选	癣	眩	绚	靴	薛	学	穴	雪	血	勋	熏	循	旬	询
D1B0	寻	驯	巡	殉	汛	训	讯	逊	迅	压	押	鸦	鸭	呀	丫	芽
D1C0	牙	蚜	崖	衙	涯	雅	哑	亚	讶	焉	咽	阉	烟	淹	盐	严
D1D0	研	蜒	岩	延	言	颜	阎	炎	沿	奄	掩	眼	衍	演	艳	堰
D1E0	燕	厌	砚	雁	唁	彦	焰	宴	谚	验	殃	央	鸯	秧	杨	扬
D1F0	佯	疡	羊	洋	阳	氧	仰	痒	养	样	漾	邀	腰	妖	瑶	

code	+0	+1	+2	+3	+4	+5	+6	+7	+8	+9	+A	+B	+C	+D	+E	+F
D2A0		摇	尧	遥	窑	谣	姚	咬	舀	药	要	耀	椰	噎	耶	爷
D2B0	野	冶	也	页	掖	业	叶	曳	腋	夜	液	一	壹	医	揖	铱
D2C0	依	伊	衣	颐	夷	遗	移	仪	胰	疑	沂	宜	姨	彝	椅	蚁
D2D0	倚	已	乙	矣	以	艺	抑	易	邑	屹	亿	役	臆	逸	肄	疫
D2E0	亦	裔	意	毅	忆	义	益	溢	诣	议	谊	译	异	翼	翌	绎
D2F0	茵	荫	因	殷	音	阴	姻	吟	银	淫	寅	饮	尹	引	隐	

code	+0	+1	+2	+3	+4	+5	+6	+7	+8	+9	+A	+B	+C	+D	+E	+F
D3A0		印	英	樱	婴	鹰	应	缨	莹	萤	营	荧	蝇	迎	赢	盈
D3B0	影	颖	硬	映	哟	拥	佣	臃	痈	庸	雍	踊	蛹	咏	泳	涌
D3C0	永	恿	勇	用	幽	优	悠	忧	尤	由	邮	铀	犹	油	游	酉
D3D0	有	友	右	佑	釉	诱	又	幼	迂	淤	于	盂	榆	虞	愚	舆
D3E0	余	俞	逾	鱼	愉	渝	渔	隅	予	娱	雨	与	屿	禹	宇	语
D3F0	羽	玉	域	芋	郁	吁	遇	喻	峪	御	愈	欲	狱	育	誉	

code	+0	+1	+2	+3	+4	+5	+6	+7	+8	+9	+A	+B	+C	+D	+E	+F
D4A0		浴	寓	裕	预	豫	驭	鸳	渊	冤	元	垣	袁	原	援	辕
D4B0	园	员	圆	猿	源	缘	远	苑	愿	怨	院	曰	约	越	跃	钥
D4C0	岳	粤	月	悦	阅	耘	云	郧	匀	陨	允	运	蕴	酝	晕	韵
D4D0	孕	匝	砸	杂	栽	哉	灾	宰	载	再	在	咱	攒	暂	赞	赃
D4E0	脏	葬	遭	糟	凿	藻	枣	早	澡	蚤	躁	噪	造	皂	灶	燥
D4F0	责	择	则	泽	贼	怎	增	憎	曾	赠	扎	喳	渣	札	轧	

code	+0	+1	+2	+3	+4	+5	+6	+7	+8	+9	+A	+B	+C	+D	+E	+F
D5A0		铡	闸	眨	栅	榨	咋	乍	炸	诈	摘	斋	宅	窄	债	寨
D5B0	瞻	毡	詹	粘	沾	盏	斩	辗	崭	展	蘸	栈	占	战	站	湛
D5C0	绽	樟	章	彰	漳	张	掌	涨	杖	丈	帐	账	仗	胀	瘴	障
D5D0	招	昭	找	沼	赵	照	罩	兆	肇	召	遮	折	哲	蛰	辙	者
D5E0	锗	蔗	这	浙	珍	斟	真	甄	砧	臻	贞	针	侦	枕	疹	诊
D5F0	震	振	镇	阵	蒸	挣	睁	征	狰	争	怔	整	拯	正	政	

code	+0	+1	+2	+3	+4	+5	+6	+7	+8	+9	+A	+B	+C	+D	+E	+F
D6A0		帧	症	郑	证	芝	枝	支	吱	蜘	知	肢	脂	汁	之	织
D6B0	职	直	植	殖	执	值	侄	址	指	止	趾	只	旨	纸	志	挚
D6C0	掷	至	致	置	帜	峙	制	智	秩	稚	质	炙	痔	滞	治	窒
D6D0	中	盅	忠	钟	衷	终	种	肿	重	仲	众	舟	周	州	洲	诌
D6E0	粥	轴	肘	帚	咒	皱	宙	昼	骤	珠	株	蛛	朱	猪	诸	诛
D6F0	逐	竹	烛	煮	拄	瞩	嘱	主	著	柱	助	蛀	贮	铸	筑	

附录B GB2312简体中文编码表

code	+0	+1	+2	+3	+4	+5	+6	+7	+8	+9	+A	+B	+C	+D	+E	+F
D7A0		住	注	祝	驻	抓	爪	拽	专	砖	转	撰	赚	篆	桩	庄
D7B0	装	妆	撞	壮	状	椎	锥	追	赘	坠	缀	谆	准	捉	拙	卓
D7C0	桌	琢	茁	酌	啄	着	灼	浊	兹	咨	资	姿	滋	淄	孜	紫
D7D0	仔	籽	滓	子	自	渍	字	鬃	棕	踪	宗	综	总	纵	邹	走
D7E0	奏	揍	租	足	卒	族	祖	诅	阻	组	钻	纂	嘴	醉	最	罪
D7F0	尊	遵	昨	左	佐	柞	做	作	坐	座						

code	+0	+1	+2	+3	+4	+5	+6	+7	+8	+9	+A	+B	+C	+D	+E	+F
D8A0		亍	丌	兀	丐	廿	卅	丕	亘	丞	鬲	孬	噩	丨	禺	丿
D8B0	匕	乇	夭	爻	卮	氐	囟	胤	馗	毓	睾	鼗	丶	亟	鼐	乜
D8C0	乩	亓	芈	孛	啬	嘏	仄	厍	厝	厣	厥	厮	靥	赝	匚	叵
D8D0	匦	匮	匾	赜	卦	卣	刂	刈	刎	刭	刳	刿	剀	剌	剞	剡
D8E0	剜	蒯	剽	劂	劁	劐	劓	冂	罔	亻	仃	仉	仂	仨	仡	仫
D8F0	仞	伛	仳	伢	佤	仵	伥	伧	伉	伫	佞	佧	攸	佚	佝	

code	+0	+1	+2	+3	+4	+5	+6	+7	+8	+9	+A	+B	+C	+D	+E	+F
D9A0		佟	佗	伲	伽	佶	佴	侑	侉	侃	侏	佾	佻	侪	佼	侬
D9B0	侔	俦	俨	俪	俅	俚	俣	俜	俑	俟	俸	倩	偌	俳	倬	倏
D9C0	倮	倭	俾	倜	倌	倥	倨	偾	偃	偕	偈	偎	偬	偻	傥	傧
D9D0	傩	傺	僖	儆	僭	僬	僦	僮	儇	儋	仝	氽	佘	佥	俎	龠
D9E0	汆	籴	兮	巽	黉	馘	夔	勹	匍	訇	匐	凫	夙	兕	亠	
D9F0	兖	亳	衮	袤	亵	脔	裒	禀	嬴	蠃	羸	冫	冱	冽	冼	

code	+0	+1	+2	+3	+4	+5	+6	+7	+8	+9	+A	+B	+C	+D	+E	+F
DAA0		凇	冖	冢	冥	讠	讦	讧	讪	讴	讵	讷	诂	诃	诋	诏
DAB0	诎	诒	诓	诔	诖	诘	诙	诜	诟	诠	诤	诨	诩	诮	诰	诳
DAC0	诶	诹	诼	诿	谀	谂	谄	谇	谌	谏	谑	谒	谔	谕	谖	谙
DAD0	谛	谘	谝	谟	谠	谡	谥	谧	谪	谫	谮	谯	谲	谳	谵	谶
DAE0	卩	卺	阝	阢	阡	阱	阪	阽	阼	陂	陉	陔	陟	陧	陬	陲
DAF0	陴	隈	隍	隗	隰	邗	邛	邝	邙	邬	邡	邴	邳	邶	邺	

code	+0	+1	+2	+3	+4	+5	+6	+7	+8	+9	+A	+B	+C	+D	+E	+F
DBA0		邸	邰	郏	郅	邾	郐	郃	郇	郓	郦	郢	郜	郗	郛	郫
DBB0	郯	郾	鄄	鄢	鄞	鄣	鄱	鄯	鄹	酃	酆	刍	奂	劢	劬	劭
DBC0	劾	哿	勐	勖	勰	叟	燮	矍	廴	凵	凼	鬯	厶	弁	畚	巯
DBD0	坌	垩	垡	塾	墼	壅	壑	圩	圬	圪	圳	圹	圮	圯	坜	圻
DBE0	坂	坩	垅	坫	垆	坼	坻	坨	坭	坶	坳	垭	垤	垌	垲	埏
DBF0	垧	垴	垓	垠	埕	埘	埚	埙	埒	垸	埴	埯	埸	埤	埝	

code	+0	+1	+2	+3	+4	+5	+6	+7	+8	+9	+A	+B	+C	+D	+E	+F
DCA0		堋	堍	埽	埭	堀	堞	堙	塄	堠	塥	塬	墁	墉	墚	墀
DCB0	馨	鼙	懿	艹	艽	艿	芏	芊	芨	芄	芎	芑	芗	芙	芫	芸
DCC0	芾	芰	苈	苊	苣	芘	芷	芮	苋	苌	苁	芩	芴	芡	芪	芟
DCD0	苄	苎	芤	苡	茉	苷	苤	茏	茇	苜	苴	苒	苘	茌	苻	苓
DCE0	茑	茚	茆	茔	茕	苠	苕	茜	荑	荛	荜	茈	莒	茼	茴	茱
DCF0	莛	荞	茯	荏	荇	荃	荟	荀	茗	荠	茭	茺	茳	荦	荥	

code	+0	+1	+2	+3	+4	+5	+6	+7	+8	+9	+A	+B	+C	+D	+E	+F
DDA0		荨	茛	荩	荬	荭	荮	莰	荸	莳	莴	莠	莪	莓	莜	
DDB0	莅	荼	莶	莩	荽	莸	获	莘	莞	莨	莺	莼	菁	萁	菥	菘
DDC0	堇	萘	萋	菝	菽	菖	萜	萸	萑	萆	菔	菟	萏	萃	菸	菹
DDD0	菪	菅	菀	萦	菰	菡	葜	葑	葚	葙	葳	蒇	蒈	葺	蒉	葸
DDE0	萼	葆	葩	葶	蒌	蒎	萱	葭	蓁	蓍	蓐	蓦	蒽	蓓	蓊	蒿
DDF0	蒺	蓠	蒡	蒹	蒴	蒗	蓥	蓣	蔌	甍	蔸	蓰	蔹	蔟	蔺	

code	+0	+1	+2	+3	+4	+5	+6	+7	+8	+9	+A	+B	+C	+D	+E	+F
E0A0		唷	啖	啵	啶	啷	唳	唰	啜	喋	嗒	喃	喱	喹	喈	喁
E0B0	喟	啾	嗖	喑	喑	嗟	喽	喾	喔	喙	嗪	嗷	嗉	嘟	嗑	嗫
E0C0	嗬	嗔	嗦	嗝	嗄	嗯	嗥	嗲	嗳	嗌	嗍	嗨	嗵	嗤	辔	嘞
E0D0	嘈	嘌	嘁	嘤	嘣	嗾	嘀	嘧	嘭	噘	嘹	噗	嘬	噍	噢	噙
E0E0	噜	噌	噔	嚆	噤	噱	噫	噻	噼	嚅	嚓	嚯	囔	囗	囝	囡
E0F0	囵	囫	囹	囿	圄	圊	圉	圜	帏	帙	帔	帑	帱	帻	帼	

code	+0	+1	+2	+3	+4	+5	+6	+7	+8	+9	+A	+B	+C	+D	+E	+F
DEA0		蓿	蔻	蓍	蓼	蕙	蕈	蕨	蕤	蕞	蕺	瞢	蕃	蕲	蕻	薤
DEB0	薨	薇	薏	蕹	薮	薜	薅	薹	薷	薰	藓	藁	藜	藿	蘧	蘅
DEC0	蘩	蘖	蘼	廾	弈	夼	奁	耷	奕	奚	奘	匏	尢	尥	尬	尴
DED0	扌	扪	抟	抻	拊	拚	拗	拮	挢	拶	挹	捋	捃	掭	揶	捱
DEE0	捺	掎	掴	捭	掬	掊	捩	掮	掼	揲	揸	揠	揿	揄	揞	揎
DEF0	摒	揆	掾	摅	摁	搋	搛	搠	搌	搦	搡	摞	撄	摭	撖	

code	+0	+1	+2	+3	+4	+5	+6	+7	+8	+9	+A	+B	+C	+D	+E	+F
E1A0		帷	幄	幔	幛	幞	幡	岌	屺	岍	岐	岖	岈	岘	岙	岑
E1B0	岚	岜	岵	岢	岽	岬	岫	岱	岣	峁	岷	峄	峒	峤	峋	峥
E1C0	崂	崃	崧	崦	崮	崤	崞	崆	崛	嵘	崾	崴	崽	嵬	嵛	嵯
E1D0	嵝	嵫	嵋	嵊	嵩	嵴	嶂	嶙	嶝	豳	嶷	巅	彳	彷	徂	徇
E1E0	徉	後	徕	徙	徜	徨	徭	徵	徼	衢	彡	犭	犰	犴	犷	犸
E1F0	狃	狁	狎	狍	狒	狨	狯	狩	狲	狴	狷	猁	狳	猃	狺	

code	+0	+1	+2	+3	+4	+5	+6	+7	+8	+9	+A	+B	+C	+D	+E	+F
DFA0		摺	撷	撸	撙	撺	擀	擐	擗	擤	擢	攉	攥	攮	弋	忒
DFB0	甙	弑	卟	叱	叽	叩	叨	叻	吒	吖	吆	呋	呒	呓	呔	呖
DFC0	呃	吡	呗	呙	吣	吲	咂	咔	呷	呱	呤	咚	咛	咄	呶	呦
DFD0	咝	哐	咭	哂	咴	哒	咧	咦	哓	哔	呲	咣	哕	咻	咿	哌
DFE0	哙	哚	哜	咩	咪	咤	哝	哏	哞	唛	哧	唠	哽	唔	哳	唢
DFF0	唣	唏	唑	唧	唪	啧	喏	喵	啉	啭	啁	啕	唿	啐	唼	

code	+0	+1	+2	+3	+4	+5	+6	+7	+8	+9	+A	+B	+C	+D	+E	+F
E2A0		狻	猗	猓	猡	猊	猞	猝	猕	猢	猹	猥	猬	猸	猱	獐
E2B0	獍	獗	獠	獬	獯	獾	舛	夥	飧	夤	夂	饣	饧	饨	饩	饪
E2C0	饫	饬	饴	饷	饽	馀	馄	馇	馊	馍	馐	馑	馓	馔	馕	庀
E2D0	庑	庋	庖	庥	庠	庹	庵	庚	庳	赓	廒	廑	廛	廨	廪	膺
E2E0	忄	忉	忖	忏	忧	忮	怄	忡	忤	忾	怅	怆	忪	忭	忸	怙
E2F0	怵	怦	怛	怏	怍	怩	怫	怊	怿	怡	恸	恹	恻	恺	恂	

附录B　GB2312简体中文编码表

code	+0	+1	+2	+3	+4	+5	+6	+7	+8	+9	+A	+B	+C	+D	+E	+F
E3A0		恪	恽	悖	悚	悭	悝	悃	悒	悌	悛	惬	悻	悱	惝	惘
E3B0	惆	惚	悴	愠	愦	愕	愣	惴	愀	愎	愫	慊	慵	憬	憔	憧
E3C0	憷	懔	懵	忝	隳	闩	闫	闱	闳	闵	阅	闼	闾	阃	阄	阆
E3D0	阈	阊	阋	阌	阍	阏	阒	阕	阖	阗	阙	阚	丬	爿	戕	氵
E3E0	汔	汜	汊	沣	沅	沐	沔	沌	汨	汩	汴	汶	沆	沩	泐	泔
E3F0	沭	泷	泸	泱	泗	沲	泠	泖	泺	泫	泮	沱	泓	泯	泾	

code	+0	+1	+2	+3	+4	+5	+6	+7	+8	+9	+A	+B	+C	+D	+E	+F
E4A0		洹	洧	洌	浃	浈	洇	洄	洙	洎	洫	浍	洮	洵	洚	浏
E4B0	浒	浔	洳	涑	浯	涞	涠	浞	涓	涔	浜	浠	浼	浣	渚	淇
E4C0	淅	淞	渎	涿	淠	渑	淦	淝	淙	渖	涫	渌	涮	渫	湮	湎
E4D0	湫	溲	湟	溆	湓	湔	渲	渥	湄	滟	溱	溘	滠	漭	滢	溥
E4E0	溧	溽	溻	溷	滗	溴	滏	溏	滂	溟	潢	潆	潇	漤	漕	滹
E4F0	漯	漶	潋	潴	漪	漉	漩	澉	澍	澌	潸	潲	潼	潺	濑	

code	+0	+1	+2	+3	+4	+5	+6	+7	+8	+9	+A	+B	+C	+D	+E	+F
E5A0		濉	澧	澹	澶	濂	濡	濮	濞	濠	濯	瀚	瀣	瀛	瀵	灏
E5B0	灞	宀	宄	宕	宓	宥	宸	甯	骞	搴	寤	寮	褰	寰	蹇	謇
E5C0	辶	迓	迕	迥	迮	迤	迩	迦	迳	迨	逅	逄	逋	逦	逑	逍
E5D0	逖	逡	逵	逶	逭	逯	遄	遑	遒	遐	遨	遘	遢	遛	暹	遴
E5E0	遽	邂	邈	邃	邋	彐	彗	彖	彘	尻	咫	屐	屙	孱	屣	屦
E5F0	羼	弪	弩	弭	艴	弼	鬻	屮	妁	妃	妍	妩	妪	妣		

code	+0	+1	+2	+3	+4	+5	+6	+7	+8	+9	+A	+B	+C	+D	+E	+F
E6A0		妗	姊	妫	妞	妤	姒	姐	姗	姗	妾	娅	娆	姝	娈	姣
E6B0	姘	姹	娌	娉	娲	娴	娑	娣	娓	婀	婧	婊	婕	娼	婢	婵
E6C0	胬	媪	媛	婷	婺	媾	嫫	媲	嫒	嫔	媸	嫠	嫣	嫱	嫖	嫦
E6D0	嫘	嫜	嬉	嬗	嬖	嬲	嬷	孀	尕	尜	孚	孥	孳	孑	孓	孢
E6E0	驵	驷	驸	驺	驿	驽	骀	骁	骅	骈	骊	骐	骒	骓	骖	骘
E6F0	骛	骜	骝	骟	骠	骢	骣	骥	骧	纟	纡	纣	纥	纨	纩	

code	+0	+1	+2	+3	+4	+5	+6	+7	+8	+9	+A	+B	+C	+D	+E	+F
E7A0		纭	纰	纾	绀	绁	绂	绉	绋	绌	绐	绔	绗	绛	绠	绡
E7B0	绨	绫	绮	绯	绱	绲	缍	绶	绺	绻	绾	缁	缂	缃	缇	缈
E7C0	缋	缌	缏	缑	缒	缗	缙	缜	缛	缟	缡	缢	缣	缤	缥	缦
E7D0	缧	缪	缫	缬	缭	缯	缰	缱	缲	缳	缵	幺	畿	巛	甾	邕
E7E0	玎	玑	玮	玢	玟	珏	珂	珑	玷	玳	珀	珉	珈	珥	珙	顼
E7F0	琊	珩	珧	珞	玺	珲	琏	琪	瑛	琦	琥	琨	琰	琮	琬	

code	+0	+1	+2	+3	+4	+5	+6	+7	+8	+9	+A	+B	+C	+D	+E	+F
E8A0		琛	琚	瑁	瑜	瑗	瑕	瑙	瑷	瑭	瑾	璜	璎	璀	璁	璇
E8B0	璋	璞	璨	璩	璐	璧	瓒	璺	韪	韫	韬	杌	杓	杞	杈	杩
E8C0	枥	枇	杪	杳	枘	枧	杵	枨	枞	枭	枋	杷	杼	柰	栉	柘
E8D0	栊	柩	枰	栌	柙	枵	柚	枳	柝	栀	柃	枸	柢	栎	柁	柽
E8E0	栲	栳	桠	桡	桎	桢	桄	桤	梃	栝	桕	桦	桁	桧	桀	栾
E8F0	桊	桉	栩	梵	梏	桴	桷	梓	桫	棂	楮	棼	椟	椠	棹	

code	+0	+1	+2	+3	+4	+5	+6	+7	+8	+9	+A	+B	+C	+D	+E	+F
E9A0		椤	桠	棕	椁	楗	棣	椐	椓	椹	楠	楂	楝	榄	楫	榀
E9B0	榘	楸	椴	槌	榇	榈	槎	榉	楦	楣	楹	榛	榧	榻	榫	榭
E9C0	槔	榱	槁	槊	槟	榕	槠	榍	槿	樯	槭	樗	樘	橥	槲	橄
E9D0	樾	檠	橐	橛	樵	檎	橹	樽	樨	橘	橼	檑	檐	檩	檗	檫
E9E0	猷	獒	殁	殂	殇	殄	殒	殓	殍	殚	殛	殡	殪	轫	轭	轱
E9F0	轲	轳	轵	轶	轸	轷	轹	轺	轼	轾	辁	辂	辄	辇	辋	

code	+0	+1	+2	+3	+4	+5	+6	+7	+8	+9	+A	+B	+C	+D	+E	+F
ECA0		廉	臃	歙	歆	歃	歉	歇	炮	飒	飓	飕	飙	飚	殳
ECB0	彀	毂	觳	斐	齑	斓	於	旆	旄	旃	旌	旎	旒	旖	炀	炜
ECC0	炖	炝	炻	烀	炷	炫	炱	烨	烊	焐	焓	焖	焯	焱	煳	煜
ECD0	煨	煅	煲	煊	煸	煺	熘	熳	熵	熨	熠	燠	燔	燧	燹	爝
ECE0	爨	灬	焘	煦	熹	戾	戽	扃	扈	扉	礻	祀	祆	祉	祛	祜
ECF0	祓	祚	祢	祗	祠	祯	祧	祺	禅	禊	禚	禧	禳	忐	忑	

code	+0	+1	+2	+3	+4	+5	+6	+7	+8	+9	+A	+B	+C	+D	+E	+F
EAA0		辍	辎	辏	辘	辚	軎	戋	戗	戛	戟	戢	戡	戥	戤	戬
EAB0	臧	瓯	瓴	瓿	甏	甑	甓	攴	旮	旯	旰	昊	昙	杲	昃	昕
EAC0	昀	炅	曷	昝	昴	昱	昶	昵	耆	晟	晔	晁	晏	晖	晡	晗
EAD0	晷	暄	暌	暧	暝	暾	曛	曜	曦	曩	贲	贳	贶	贻	贽	赀
EAE0	赅	赆	赈	赉	赇	赍	赕	赙	觇	觊	觋	觌	觎	觐	觑	牮
EAF0	犟	牝	牦	牯	牾	牿	犄	犋	犍	犏	犒	挈	挲	掰	

code	+0	+1	+2	+3	+4	+5	+6	+7	+8	+9	+A	+B	+C	+D	+E	+F
EDA0		恧	恝	恚	恧	恁	恙	恣	悫	愆	愍	慝	憩	憝	懋	懑
EDB0	戆	肀	聿	沓	淼	矾	矸	砀	砉	砗	砘	砑	斫	砭	砜
EDC0	砝	砹	砺	砻	砟	砼	砥	砬	砣	砩	硎	硭	硖	硗	砦	硐
EDD0	硇	硌	硪	碛	碓	碚	碇	碜	碡	碣	碲	碹	碥	磔	磙	磉
EDE0	磬	磲	礅	磴	礓	礤	礞	礴	龛	黹	黻	黼	盱	眄	眍	盹
EDF0	眇	眈	眚	眢	眙	眭	眦	眵	眸	睐	睑	睇	睃	睚	睨	

code	+0	+1	+2	+3	+4	+5	+6	+7	+8	+9	+A	+B	+C	+D	+E	+F
EBA0		犴	犷	犸	狃	狁	狎	狍	狒	狨	狯	狩	狲	狴	狷	猁
EBB0	狳	猃	狺	狻	猗	猓	猡	猊	猞	猝	猕	猢	猹	猥	猬	猸
EBC0	猱	獐	獍	獗	獠	獬	獯	獾	舛	夥	飧	夤	夂	饣	饧	饨
EBD0	饩	饪	饫	饬	饴	饷	饽	馀	馄	馇	馊	馍	馐	馑	馓	馔
EBE0	馕	庀	庑	庋	庖	庥	庠	庹	庵	庾	庳	赓	廒	廑	廛	廨
EBF0	廪	膺	忄	忉	忖	忏	怃	忮	怄	忡	忤	忾	怅	怆	忪	忭

code	+0	+1	+2	+3	+4	+5	+6	+7	+8	+9	+A	+B	+C	+D	+E	+F
EEA0		睢	睥	睿	瞍	睽	瞀	瞌	瞑	瞟	瞠	瞰	瞵	瞽	町	畀
EEB0	畎	畋	畈	畛	畲	畹	疃	罘	罡	罟	詈	罨	罴	罱	罹	羁
EEC0	罾	盍	盥	蠲	钅	钆	钇	钋	钊	钌	钍	钏	钐	钔	钗	钕
EED0	钚	钛	钜	钣	钤	钫	钪	钭	钬	钯	钰	钲	钴	钶	钷	钸
EEE0	钹	钺	钼	钽	钿	铄	铈	铉	铊	铋	铌	铍	铎	铐	铑	铒
EEF0	铕	铖	铗	铙	铘	铛	铞	铠	铢	铤	铥	铧	铨	铪	

code	+0	+1	+2	+3	+4	+5	+6	+7	+8	+9	+A	+B	+C	+D	+E	+F
EFA0		铩	铫	铮	铯	铳	锡	铵	铷	铹	铼	铽	铿	锃	锂	锆
EFB0	锇	锉	锊	锍	锎	锏	锒	锓	锔	锕	锖	锘	锛	锝	锞	锟
EFC0	锢	锪	锫	锩	锬	锱	锲	锴	锶	锷	锸	锼	锾	锿	镂	镃
EFD0	镄	镅	镆	镉	镌	镎	镏	镒	镓	镔	镖	镗	镘	镙	镛	镞
EFE0	镟	镝	镡	镢	镤	镥	镦	镧	镨	镩	镪	镫	镬	镯	镱	镲
EFF0	镳	锺	矧	矬	雉	秕	秭	秣	秫	稆	嵇	稃	稂	稞	稔	

code	+0	+1	+2	+3	+4	+5	+6	+7	+8	+9	+A	+B	+C	+D	+E	+F
F2A0		颉	颌	颍	颏	颔	颚	颛	颞	颟	颡	颢	颥	颦	虍	虔
F2B0	虬	虮	虿	虺	虼	虻	蚨	蚍	蚋	蚬	蚝	蚧	蚣	蚪	蚓	蚩
F2C0	蚶	蛄	蚵	蛎	蚰	蚺	蚱	蚯	蛉	蛏	蚴	蛩	蛱	蛲	蛭	蛳
F2D0	蛐	蜓	蛞	蛴	蛟	蛘	蛑	蜃	蜇	蛸	蜈	蜊	蜍	蜉	蜣	蜻
F2E0	蜞	蜥	蜮	蜚	蜾	蝈	蜴	蜱	蜩	蜷	蜿	螂	蜢	蝽	蝾	蝻
F2F0	蝠	蝰	蝌	蝮	螋	蝓	蝣	蝼	蝤	蝙	蝥	螓	螯	螨	蟒	

code	+0	+1	+2	+3	+4	+5	+6	+7	+8	+9	+A	+B	+C	+D	+E	+F
F0A0		穑	穗	黏	馥	穰	饭	佼	皓	皙	皤	瓞	瓠	甬	鸠	
F0B0	鸢	鸨	鸩	鸪	鸫	鸬	鸲	鸱	鸶	鸸	鸷	鸹	鸺	鸾	鹁	鹂
F0C0	鹄	鹆	鹇	鹈	鹉	鹋	鹌	鹎	鹑	鹕	鹗	鹚	鹛	鹜	鹞	鹣
F0D0	鹦	鹧	鹨	鹩	鹪	鹫	鹬	鹱	鹭	鹳	疒	疔	疖	疠	疝	疬
F0E0	疣	疳	疴	疸	痄	疱	疰	痃	痂	痔	痍	痣	痨	痦	痤	痫
F0F0	痧	瘃	痱	痼	痿	瘐	瘀	瘅	瘌	瘗	瘊	瘥	瘘	瘕	瘙	

code	+0	+1	+2	+3	+4	+5	+6	+7	+8	+9	+A	+B	+C	+D	+E	+F
F3A0		蟆	螈	螅	螭	螗	螃	螫	蟥	螬	螵	螳	蟋	蟓	螽	蟑
F3B0	蟀	蟊	蟛	蟪	蟠	蟮	蠖	蠓	蟾	蠊	蠛	蠡	蠹	蠼	缶	罂
F3C0	罄	罅	舐	竺	竽	笈	笃	笄	笕	笊	笫	笏	筇	笸	笪	笙
F3D0	笮	笱	笠	笥	笤	笳	笾	笞	筘	筚	筅	筵	筌	筝	筠	筮
F3E0	筻	筢	筲	筱	箐	箦	箧	箸	箬	箝	箨	箅	箪	箜	箢	箫
F3F0	箴	篑	篁	篌	篝	篚	篥	篦	篪	簌	篼	簏	簖	簋		

code	+0	+1	+2	+3	+4	+5	+6	+7	+8	+9	+A	+B	+C	+D	+E	+F
F1A0		瘛	瘼	瘢	瘠	癀	瘭	瘰	瘿	瘵	癃	瘾	瘳	癍	癞	癔
F1B0	癜	癖	癫	癯	翊	竦	穸	穹	窀	窆	窈	窕	窦	窠	窬	窨
F1C0	窭	窳	衤	衩	衲	衽	衿	袂	袢	裆	袷	袼	裉	裢	裎	裣
F1D0	裥	裱	褚	裼	裨	裾	裰	褡	褙	褓	褛	褊	褴	褫	褶	襁
F1E0	襦	襻	疋	胥	皲	皴	矜	耒	耔	耖	耜	耠	耢	耥	耦	耧
F1F0	耩	耨	耱	耋	耵	聃	聆	聍	聒	聩	聱	覃	顸	颀	颃	

code	+0	+1	+2	+3	+4	+5	+6	+7	+8	+9	+A	+B	+C	+D	+E	+F
F4A0		簟	簪	簦	簸	籁	籀	臾	舁	舂	舄	臬	衄	舡	舢	舣
F4B0	舭	舯	舨	舫	舸	舻	舳	舴	舾	艄	艅	艉	艋	艏	艚	艟
F4C0	艨	衾	袅	袈	裘	裟	襞	羝	羟	羧	羯	羰	羲	籼	敉	粑
F4D0	粝	粜	粞	粢	粲	粼	粽	糁	糇	糌	糍	糈	糅	糗	糨	艮
F4E0	暨	羿	翎	翕	翥	翡	翦	翩	翮	翳	糸	絷	綦	綮	繇	纛
F4F0	麸	麴	赳	趄	趔	趑	趱	赧	赭	豇	豉	酊	酐	酎	酏	酤

code	+0	+1	+2	+3	+4	+5	+6	+7	+8	+9	+A	+B	+C	+D	+E	+F
F5A0		酢	酡	酰	酪	酯	酽	酾	酲	酴	酹	醌	醅	醐	醍	醑
F5B0	醢	醣	醪	醭	醮	醯	醵	醴	醺	豕	鹾	趸	跫	踅	蹙	蹩
F5C0	趵	趿	趼	趺	跄	跖	跗	跚	跞	跎	跏	跛	跆	跬	跷	跸
F5D0	跣	跹	跻	跤	踉	跽	踔	踝	踟	踬	踏	踣	踯	踺	踱	踹
F5E0	踵	踽	踯	蹉	蹁	蹂	蹑	蹊	蹰	蹶	蹼	蹯	蹴	躅	躏	蹿
F5F0	躜	躞	躜	躅	豸	貂	貊	貅	貘	貔	斛	觖	觞	觚	觜	

code	+0	+1	+2	+3	+4	+5	+6	+7	+8	+9	+A	+B	+C	+D	+E	+F
F6A0		觥	觫	觯	訾	謦	靓	雩	雳	雯	霆	霁	霈	霏	霎	霪
F6B0	霭	霰	霾	龀	龃	龅	龆	龇	龈	龉	龊	龌	黾	鼋	鼍	隹
F6C0	隼	隽	雎	雒	瞿	雠	銎	銮	鋈	錾	鍪	鏊	鎏	鐾	鑫	鱿
F6D0	鲂	鲅	鲆	鲇	鲈	稣	鲋	鲎	鲐	鲑	鲒	鲔	鲕	鲚	鲛	鲞
F6E0	鲟	鲠	鲡	鲢	鲣	鲥	鲦	鲧	鲨	鲩	鲫	鲭	鲮	鲰	鲱	鲲
F6F0	鲳	鲴	鲵	鲶	鲷	鲺	鲻	鲼	鲽	鳅	鳆	鳇	鳊	鳋		

code	+0	+1	+2	+3	+4	+5	+6	+7	+8	+9	+A	+B	+C	+D	+E	+F
F7A0		鳌	鳍	鳎	鳏	鳐	鳓	鳔	鳕	鳗	鳘	鳙	鳜	鳝	鳟	鳢
F7B0	靼	鞅	鞑	鞒	鞔	鞯	鞫	鞣	鞲	鞴	骱	骰	骷	鹘	骶	骺
F7C0	骼	髁	髀	髅	髂	髋	髌	髑	魅	魃	魇	魉	魈	魍	魑	飨
F7D0	餍	餮	饕	饔	髟	髡	髦	髯	髫	髻	髭	髹	鬈	鬏	鬓	鬟
F7E0	鬣	麽	麾	縻	麂	麇	麈	麋	麒	鏖	麝	麟	黛	黜	黝	黠
F7F0	黟	黢	黩	黧	黥	黪	黯	鼢	鼬	鼯	鼹	鼷	鼽	鼾	齄	

code F8A0～FEF0 为空

附录 C 液晶 12864 基本指令和扩充指令

表 C-1 指令表 1（RE=0：基本指令）

指令	指令码									功能
	RS	R/W	D7	D6	D5	D4	D3	D2	D1	D0	
清除显示	0	0	0	0	0	0	0	0	0	1	将 DDRAM 填满"20H"，并且设定 DDRAM 的地址计数器（AC）到"00H"
地址归位	0	0	0	0	0	0	0	0	1	X	设定 DDRAM 的地址计数器（AC）到"00H"，并且将游标移到开头原点位置；这个指令不改变 DDRAM 的内容
显示状态开/关	0	0	0	0	0	0	1	D	C	B	D=1：整体显示 ON C=1：游标 ON B=1：游标位置反白允许
进入点设定	0	0	0	0	0	0	0	1	I/D	S	指定在数据的读取与写入时，设定游标的移动方向及指定显示的移位
游标或显示移位控制	0	0	0	0	0	1	S/C	R/L	X	X	设定游标的移动与显示的移位控制位；这个指令不改变 DDRAM 的内容
功能设定	0	0	0	0	1	DL	X	RE	X	X	DL=0/1：4/8 位数据 RE=1：扩充指令操作 RE=0：基本指令操作

续表

指令	指令码									功能
	RS	R/W	D7	D6	D5	D4	D3	D2	D1	D0	
设定CGRAM地址	0	0	0	1	AC5	AC4	AC3	AC2	AC1	AC0	设定 CGRAM 地址
设定DDRAM地址	0	0	1	0	AC5	AC4	AC3	AC2	AC1	AC0	设定 DDRAM 地址（显示位址） 第一行：80H～87H 第二行：90H～97H
读取忙标志和地址	0	1	BF	AC6	AC5	AC4	AC3	AC2	AC1	AC0	读取忙标志（BF）可以确认内部动作是否完成，同时可以读出地址计数器（AC）的值
写数据到RAM	1	0	数据								将数据 D7～D0 写入到内部 RAM（DDRAM/CGRAM/IRAM/GRAM）
读出RAM的值	1	1	数据								从内部 RAM 读取数据 D7～D0(DDRAM/CGRAM/IRAM/GRAM)

表 C-2 指令表 2（RE=1：扩充指令）

指令	指令码									功能
	RS	R/W	D7	D6	D5	D4	D3	D2	D1	D0	
待命模式	0	0	0	0	0	0	0	0	0	1	进入待命模式,执行其他指令都可终止待命模式

续表

指令	指令码									功能
	RS	R/W	D7	D6	D5	D4	D3	D2	D1	D0	
卷动地址开关开启	0	0	0	0	0	0	0	0	1	SR	SR=1: 允许输入垂直卷动地址 SR=0: 允许输入 IRAM 和 CGRAM 地址
反白选择	0	0	0	0	0	0	0	1	R1	R0	选择 2 行中的任一行作反白显示,并可决定反白与否。初始值 R1R0=00,第一次设定为反白显示,再设定变回正常
睡眠模式	0	0	0	0	0	0	1	SL	X	X	SL=0: 进入睡眠模式 SL=1: 脱离睡眠模式
扩充功能设定	0	0	0	0	1	CL	X	RE	G	0	CL=0/1: 4/8 位数据 RE=1: 扩充指令操作 RE=0: 基本指令操作 G=1/0: 绘图开关
设定绘图 RAM 地址	0	0	1	0	0	0	AC3 AC6	AC2 AC5	AC1 AC4	AC0 AC3	设定绘图 RAM 先设定垂直(列)地址 AC6AC5…AC0 再设定水平(行)地址 AC3AC2AC1AC0 将以上 16 位地址连续写入即可

参 考 文 献

[1] 潘松,黄继业. EDA 技术实用教程: VHDL 版. 北京: 科学出版社. 2010.
[2] 王振红. VHDL 数字电路应用实践教程. 北京: 机械工业出版社. 2006.
[3] 江国强. EDA 技术习题与实验. 北京: 电子工业出版社. 2006.
[4] 阎石. 数字电子技术基础. 北京: 高等教育出版社. 2006.
[5] 赵曙光,郭万有,杨颂华. 可编程逻辑器件原理开发与应用. 西安: 西安电子科技大学出版社,2000.
[6] 姜雪松,等. 可编程逻辑器件和 EDA 设计技术. 北京: 机械工业出版社. 2006.
[7] 张亚君,陈龙. 数字电路与逻辑设计实验教程. 北京: 机械工业出版社. 2008.
[8] 张志刚. FPGA 与 SOPC 设计教程——DE2 实践. 西安: 西安电子科技大学出版社,2011.
[9] 秦进平. 数字电子与 EDA 技术. 北京: 科学出版社. 2011.
[10] 姜立冬. VHDL 语言程序设计及应用. 北京: 北京邮电大学出版社,2001.